王文霄 著

Python
编程入门从基础到实践

清华大学出版社
北京

内 容 简 介

本书基于 Python 3.8.1 与 PyCharm IDE，首先介绍编写 Python 程序需要了解的一些基本概念。然后，介绍各种数据类型、数据存储方法、数据集合创建方法、for 循环、if 语句与 while 语句等。另外，本书还将介绍用户输入获取、用户交互、程序的重复利用、类的扩展、程序报错的处理方法。在充分学习这些基础知识后，本书最后介绍如何为程序编写测试。

本书可以作为信息科学、数据科学、计算机类专业的入门教材，也可以用作相关专业技术人员或科普爱好者的参考书。

版权所有，侵权必究。举报：010-62782989，beiqinquan@tup.tsinghua.edu.cn。

图书在版编目（CIP）数据

Python 编程入门从基础到实践/王文霄著. -- 北京：清华大学出版社，2025.2. -- ISBN 978-7-302-68233-2

Ⅰ．TP312.8

中国国家版本馆 CIP 数据核字第 2025MW3304 号

责任编辑：苏东方
封面设计：刘艳芝
责任校对：韩天竹
责任印制：宋　林

出版发行：清华大学出版社
网　　址：https://www.tup.com.cn，https://www.wqxuetang.com
地　　址：北京清华大学学研大厦 A 座　　　邮　编：100084
社 总 机：010-83470000　　　邮　购：010-62786544
投稿与读者服务：010-62776969，c-service@tup.tsinghua.edu.cn
质量反馈：010-62772015，zhiliang@tup.tsinghua.edu.cn
课件下载：https://www.tup.com.cn，010-83470236

印 装 者：天津鑫丰华印务有限公司
经　　销：全国新华书店
开　　本：185mm×260mm　　印　张：15.25　　字　数：375 千字
版　　次：2025 年 3 月第 1 版　　　　　　　　印　次：2025 年 3 月第 1 次印刷
定　　价：49.00 元

产品编号：101517-01

前言

本书不仅可以为计算机科学、数据科学与机器学习等工学、理学专业的程序员与工程师提供参考,也可以帮助非计算机科学专业、有编程需求的大类学科的学生、研究人员与爱好者等学习 Python 编程。通过阅读本书,读者将能够迅速地掌握 Python 编程的基础概念,并打下坚实的实操基础。学习完本书后,读者可以更轻松地学习 Python 高级进阶的相关技术与教材或其他程序语言。

本书第 1 章介绍编写 Python 程序需要了解的一些基本概念。第 2 章和第 3 章介绍各种数据类型,以及将数据存储在列表与字典之中的方法。第 4～7 章介绍创建数据集合、for 语句、if 语句与 while 语句、获取用户输入与用户交互。第 8 章介绍函数编写。第 9 章介绍类的扩展。第 10 章介绍程序报错。第 11 章介绍如何为程序编写测试程序。

本项工作得到了澳门科技大学研究基金项目 FRG 的资助(基金编号 FRG-22-098-FA-002A)。谨以此书献给我的父母,衷心感谢他们对我事业的无条件支持。衷心感谢我的妈妈,在我写这本书的整整两年时间里,一直陪伴着我,无论何时何地。最后,还要感谢清华大学出版社的编辑对本书初稿提出的有益建议与宝贵意见。

2025 年 2 月

目录

第1章 启航 ··· 1
  1.1 编程环境概述 ·· 1
    1.1.1 Python 2 与 Python 3 ··· 1
    1.1.2 在终端中唤醒 Python（以 Windows 系统为例） ······················ 2
    1.1.3 如何在自己的系统中安装 Python ································· 2
    1.1.4 字符串 Hello World! ··· 3
  1.2 在不同操作系统上搭建 Python IDE ······································ 3
    1.2.1 在 Linux 中搭建 Python IDE（以 PyCharm 为例） ···················· 4
    1.2.2 在 macOS 中搭建 Python IDE（以 PyCharm 为例） ··················· 4
    1.2.3 在 Windows 中搭建 Python IDE（以 PyCharm 为例） ················· 5
  1.3 安装问题的解决方案 ·· 5
  1.4 在终端中运行 Python 程序 ··· 5
    1.4.1 在 Linux 系统与 macOS 系统中运行 Python 程序 ···················· 5
    1.4.2 在 Windows 系统中运行 Python 程序 ····························· 6
  1.5 本章小结 ·· 8
  1.6 习题 ·· 8

第2章 Python 中简单的数据类型与变量 ··· 9
  2.1 运行 ·· 9
  2.2 变量 ·· 9
    2.2.1 变量的使用及命名方法 ·· 10
    2.2.2 变量使用中避免拼写、命名错误 ·································· 11
  2.3 字符串类型 ·· 12
    2.3.1 修改字符串大小写的方法 ······································ 12
    2.3.2 拼接字符串的方法 ·· 13
    2.3.3 使用换行符与制表符为字符串添加空白 ··························· 14
    2.3.4 删除字符串中的空格 ·· 15

2.3.5　在使用字符串时规避语法错误 ………………………………………………………… 16
2.4　数字 ……………………………………………………………………………………………… 17
　　2.4.1　整数型(Int)、运算符与运算法则 …………………………………………………… 17
　　2.4.2　浮点数型(Float) ……………………………………………………………………… 19
　　2.4.3　函数 str() ……………………………………………………………………………… 19
2.5　Python 中的注释 ……………………………………………………………………………… 20
　　2.5.1　使用♯编写注释 ………………………………………………………………………… 20
　　2.5.2　编写注释 ……………………………………………………………………………… 21
2.6　Python 之禅——The Zen of Python ……………………………………………………… 21
2.7　本章小结 ………………………………………………………………………………………… 22
2.8　习题 ……………………………………………………………………………………………… 22

第 3 章　列表 …………………………………………………………………………………………… 24
3.1　Python 列表 ……………………………………………………………………………………… 24
　　3.1.1　访问列表中特定的元素 ………………………………………………………………… 25
　　3.1.2　列表元素的索引——从 0 开始 ………………………………………………………… 25
　　3.1.3　获取并使用列表中的各个元素 ………………………………………………………… 26
3.2　对列表元素进行修改 …………………………………………………………………………… 27
　　3.2.1　修改列表中的元素 ……………………………………………………………………… 27
　　3.2.2　向列表中添加元素 ……………………………………………………………………… 28
　　3.2.3　删除列表中的元素 ……………………………………………………………………… 30
3.3　组织列表 ………………………………………………………………………………………… 33
　　3.3.1　对列表中的元素进行排序 ……………………………………………………………… 33
　　3.3.2　列表临时排序 …………………………………………………………………………… 33
　　3.3.3　反转列表排序 …………………………………………………………………………… 34
　　3.3.4　确认列表长度 …………………………………………………………………………… 35
3.4　避免索引错误 …………………………………………………………………………………… 36
3.5　本章小结 ………………………………………………………………………………………… 37
3.6　习题 ……………………………………………………………………………………………… 37

第 4 章　高效操作列表中的元素 …………………………………………………………………… 39
4.1　使用 for 循环遍历列表 ………………………………………………………………………… 39
　　4.1.1　for 循环的工作过程 …………………………………………………………………… 39
　　4.1.2　for 循环中的更多操作 ………………………………………………………………… 40
　　4.1.3　for 循环后执行操作 …………………………………………………………………… 41
4.2　避免缩进错误 …………………………………………………………………………………… 42
　　4.2.1　因缩进问题报错 ………………………………………………………………………… 42
　　4.2.2　额外代码行报错 ………………………………………………………………………… 43
　　4.2.3　不必要的缩进 …………………………………………………………………………… 43

  4.2.4 符号丢失 ·················· 44
4.3 创建并处理数字列表 ·················· 45
  4.3.1 range()函数 ·················· 45
  4.3.2 创建数字列表 ·················· 46
  4.3.3 统计计算 ·················· 47
  4.3.4 列表解析 ·················· 47
4.4 使用部分列表 ·················· 48
  4.4.1 Python 切片 ·················· 48
  4.4.2 遍历切片 ·················· 50
  4.4.3 复制列表 ·················· 50
4.5 元组 ·················· 52
  4.5.1 元组简介 ·················· 52
  4.5.2 遍历元组 ·················· 53
  4.5.3 修改元组内的值 ·················· 53
4.6 设置代码的格式 ·················· 54
  4.6.1 代码的编写约定 ·················· 54
  4.6.2 缩进 ·················· 54
  4.6.3 行长 ·················· 55
  4.6.4 空行 ·················· 55
4.7 本章小结 ·················· 55
4.8 习题 ·················· 55

第 5 章 if 判别语句 57

5.1 if-else 语句示例 ·················· 57
5.2 条件测试 ·················· 58
  5.2.1 编写约定 ·················· 58
  5.2.2 判定是否相等时需考虑大小写 ·················· 58
  5.2.3 判定不相等与不等号的写法 ·················· 59
  5.2.4 比较数字大小 ·················· 60
  5.2.5 同时判定多个条件 ·················· 61
  5.2.6 判定特定值是否包含在列表内 ·················· 62
  5.2.7 判定特定值是否未包含在列表内 ·················· 62
  5.2.8 布尔表达式 ·················· 63
5.3 if 语句 ·················· 63
  5.3.1 基础语句 ·················· 63
  5.3.2 if-else 语句 ·················· 64
  5.3.3 if-elif-else 语句 ·················· 65
  5.3.4 使用多个 elif 语句 ·················· 66
  5.3.5 基于连续 if 语句的多条件测试 ·················· 66

- 5.4 if 语句结构处理列表 ··· 68
  - 5.4.1 判断列表中的特定元素 ·· 68
  - 5.4.2 判别列表是否为空 ··· 69
  - 5.4.3 多个列表的使用 ·· 70
- 5.5 if 语句的格式设置 ··· 71
- 5.6 本章小结 ··· 71
- 5.7 习题 ··· 71

第 6 章 字典 ··· 74
- 6.1 初识 Python 字典 ··· 74
- 6.2 Python 字典的使用 ··· 75
  - 6.2.1 访问字典的特定值 ··· 75
  - 6.2.2 为字典添加新的键值对 ·· 76
  - 6.2.3 空字典的创建 ··· 76
  - 6.2.4 修改字典中的值 ·· 77
  - 6.2.5 删除键值对 ·· 78
  - 6.2.6 由类似对象组成的字典 ·· 79
- 6.3 遍历字典 ··· 80
  - 6.3.1 遍历字典的键值对 ··· 80
  - 6.3.2 遍历所有的键 ··· 81
  - 6.3.3 按顺序遍历所有的键 ·· 83
  - 6.3.4 遍历所有的值 ··· 84
- 6.4 嵌套 ··· 85
  - 6.4.1 字典列表 ·· 85
  - 6.4.2 判定语句扩展 ··· 87
  - 6.4.3 存储列表 ·· 88
  - 6.4.4 存储字典 ·· 90
- 6.5 本章小结 ··· 92
- 6.6 习题 ··· 92

第 7 章 Input( )函数与 while 循环语句 ································· 94
- 7.1 input( )函数 ·· 94
  - 7.1.1 清晰的提示 ·· 95
  - 7.1.2 int( )函数的功能 ·· 96
  - 7.1.3 求模运算 ·· 97
- 7.2 while 循环 ··· 98
  - 7.2.1 while 循环的用途 ··· 98
  - 7.2.2 while 循环与用户交互 ··· 99
  - 7.2.3 标志的使用 ·· 101

		7.2.4 break 语句 ·············· 102
		7.2.5 continue 语句 ··········· 103
		7.2.6 规避无休止的循环 ········ 104
	7.3 while 循环处理列表与字典 ········· 105
		7.3.1 列表间移动元素 ·········· 105
		7.3.2 删除列表元素中的所有特定值 ····· 106
		7.3.3 用户输入填充字典 ········ 107
	7.4 本章小结 ·················· 108
	7.5 习题 ···················· 108

第 8 章 函数 ······················· **110**
	8.1 定义函数 ·················· 110
		8.1.1 向函数传递信息 ·········· 111
		8.1.2 实参与形参 ············ 112
	8.2 传递实参 ·················· 112
		8.2.1 位置实参 ············· 112
		8.2.2 关键字实参 ············ 114
		8.2.3 默认值 ·············· 114
		8.2.4 等效的函数调用方式 ······· 116
		8.2.5 避免实参错误 ··········· 116
	8.3 返回值 ··················· 117
		8.3.1 简单值的返回 ··········· 117
		8.3.2 将实参变为可选 ·········· 117
		8.3.3 返回字典 ············· 119
		8.3.4 结合使用 while 循环与函数 ····· 120
	8.4 列表的传递 ················· 122
		8.4.1 修改列表 ············· 122
		8.4.2 禁止函数修改列表 ········ 125
	8.5 传递任意数量的实参 ············ 126
		8.5.1 任意数量实参与位置实参的结合 ···· 128
		8.5.2 任意数量的关键字实参 ······ 129
	8.6 调用存储在模块中的函数 ·········· 130
		8.6.1 导入整个模块 ··········· 130
		8.6.2 特定函数的导入 ·········· 131
		8.6.3 使用 as 为函数指定别名 ······ 132
		8.6.4 使用 as 为模块指定别名 ······ 132
		8.6.5 使用 * 导入模块中所有的函数 ···· 133
	8.7 函数编写指南 ················ 133
	8.8 本章小结 ·················· 134

8.9 习题 ·· 134

第 9 章 类 ·· **137**

9.1 类的创建及使用 ·· 137
    9.1.1 创建类 ·· 138
    9.1.2 根据类来创建实例 ·· 139
9.2 类的实例 ··· 141
    9.2.1 汽车类 ·· 142
    9.2.2 为属性指定默认值 ·· 142
    9.2.3 属性值的修改 ·· 143
9.3 类的继承 ··· 147
    9.3.1 子类的__init__()方法 ··· 147
    9.3.2 为子类定义属性与方法 ·· 149
    9.3.3 父类的重写 ·· 150
    9.3.4 将实例用作属性 ··· 151
9.4 类的导入 ··· 154
    9.4.1 单个类的导入 ·· 155
    9.4.2 多个类存储于同一模块中 ··· 156
    9.4.3 同一模块中导入多个类 ·· 159
    9.4.4 整个类的导入 ·· 159
    9.4.5 模块中所有类的导入 ··· 159
    9.4.6 在一个模块中导入另一个模块 ·································· 160
    9.4.7 自定义工作流程 ··· 162
9.5 Python 标准库 ·· 162
9.6 类的编码风格 ·· 164
9.7 本章小结 ··· 164
9.8 习题 ·· 164

第 10 章 文件与异常 ·· **167**

10.1 读取文件数据 ·· 167
    10.1.1 读取整个文件 ··· 167
    10.1.2 通过路径读取文件 ·· 169
    10.1.3 逐行读取 ··· 171
    10.1.4 创建包含文件各行内容的列表 ································· 172
    10.1.5 文件内容的使用 ·· 173
    10.1.6 大型文件的处理 ·· 174
    10.1.7 生日实验 ··· 174
10.2 写入文件 ··· 175
    10.2.1 写入空文件 ·· 175

		10.2.2	多行写入	176

        10.2.2 多行写入 ……………………………………………………………… 176
        10.2.3 附加 …………………………………………………………………… 177
    10.3 异常处理 ……………………………………………………………………… 177
        10.3.1 处理 ZeroDivisionError 异常 ……………………………………… 178
        10.3.2 try-except 代码块 …………………………………………………… 178
        10.3.3 使用异常避免程序崩溃 ……………………………………………… 178
        10.3.4 使用 try-except-else 代码块 ………………………………………… 179
        10.3.5 处理 FileNotFoundError 异常 ……………………………………… 181
        10.3.6 分析文本 ……………………………………………………………… 182
        10.3.7 多个文件的使用 ……………………………………………………… 183
        10.3.8 pass 的使用 …………………………………………………………… 184
    10.4 数据的存储 ……………………………………………………………………… 185
        10.4.1 json.dump() 与 json.load() ………………………………………… 186
        10.4.2 读取与保存用户生成的数据 ………………………………………… 187
        10.4.3 重构 …………………………………………………………………… 189
    10.5 本章小结 ……………………………………………………………………… 191
    10.6 习题 …………………………………………………………………………… 191

第 11 章 代码的测试 …………………………………………………………………… **194**
    11.1 测试函数 ……………………………………………………………………… 194
        11.1.1 单元测试与测试用例 ………………………………………………… 195
        11.1.2 可通过的测试 ………………………………………………………… 195
        11.1.3 无法通过的测试 ……………………………………………………… 196
        11.1.4 测试无法通过时的处理方法 ………………………………………… 197
        11.1.5 新测试 ………………………………………………………………… 198
    11.2 测试类 ………………………………………………………………………… 200
        11.2.1 断言方法 ……………………………………………………………… 200
        11.2.2 单个类的测试 ………………………………………………………… 200
        11.2.3 Survey 类的测试 ……………………………………………………… 202
        11.2.4 setUp() 方法 ………………………………………………………… 204
    11.3 本章小结 ……………………………………………………………………… 205
    11.4 习题 …………………………………………………………………………… 206

参考文献 ………………………………………………………………………………… **207**

附录 A …………………………………………………………………………………… **208**
    A.1 PyCharm ……………………………………………………………………… 208
    A.2 Python 安装步骤 ……………………………………………………………… 209
        A.2.1 macOS 中安装 Python ………………………………………………… 209

    A.2.2　Windows 上安装 Python ……………………………………………… 217
 A.3　PyCharm 安装步骤 ……………………………………………………………… 222
    A.3.1　Windows 上安装 PyCharm …………………………………………… 222
    A.3.2　macOS 上安装 PyCharm ……………………………………………… 227
    A.3.3　Linux 上安装 PyCharm ………………………………………………… 229

第1章 启 航

本章要求读者能够成功编写并编译通过其职业生涯中的第一段程序 helloPythonWorld.py。为此,首先需要在个人计算机上安装 Python,此外,还要安装一个集成开发环境(Integrated Development Environment,IDE),用以编辑和运行 Python 程序。

1.1 编程环境概述

提到编程环境,不得不强调的是:不同操作系统的 Python 存在细微的区别。本书将介绍主要版本的 Python,并详细描述 Python 的安装及使用方法。

1.1.1 Python 2 与 Python 3

摩尔定律揭示了信息技术进步的速度。遵循摩尔定律,每种编程语言都会随着新技术、新概念的不断涌现而持续改进,Python 社区的开发者们也同样致力于不断地扩展、强化与丰富 Python 的功能(图 1-1 和图 1-2 所示为 Python 标志的演变历史)。通常大部分编程语言的改进都是循序渐进的,开发者几乎感受不到关联版本之间较大的差异,但如果系统安装了 Python 3,有些使用 Python 2 所编写的代码就可能无法正常地被执行。本书将指出 Python 2 与 Python 3 之间的重大差异,这样,无论开发者安装的是何种版本的 Python,都能遵照本书的介绍编写自己的项目。

图 1-1　Python 初期的标志(1991—2006 年)示意图

图 1-2　Python 现期的标志(2006 年至今)示意图

读者在之前的工作中,如果已经接触过 Python,并且系统中安装了 2 个版本的 Python,这里建议使用 Python 3;如果从来没安装过 Python,这里建议安装 Python 3。若仅安装了 Python 2,这里也可以利用 Python 2 编写代码,但强烈建议尽快升级为 Python 3 版本,因为这样就可以在保障时效性的同时,使用功能更完善的 Python。

1.1.2 在终端中唤醒 Python(以 Windows 系统为例)

打开计算机的终端窗口(computer terminal),以下简称为终端。Windows 操作系统可通过按 Win+R 快捷键,并在弹出的对话框中输入 cmd,再单击 OK 按钮,打开计算机终端,如图 1-3 所示。

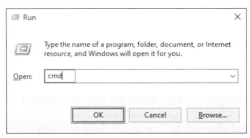

图 1-3 在 Windows 操作系统中按 Win+R 快捷键后弹出的对话框

接下来,在计算机终端窗口中输入 python,再单击 Enter 键唤醒 Python 3。Python 自带了一个在终端中运行的解释器,可供运行 Python 代码片段而无须保存并运行整个程序,唤醒 Python 3 成功后的界面如图 1-4 所示,显示 Python 的版本信息。此外,在代码清单中会包含符号">>>",这意味着输出来自终端会话。下面将演示如何在 Python 解释器中编写第一句代码。

图 1-4 Windows 操作系统的终端中唤醒 Python

1.1.3 如何在自己的系统中安装 Python

如果用户在终端中输入 python,再单击 Enter 键无法唤醒 Python,则可能用户的系统中(无论系统为 macOS、Windows)尚未安装 Python。这种情况下,建议用户参照本书的附录 A 分别为 macOS 系统的计算机与 Windows 的计算机安装 Python。鉴于多数 Linux 系统的计算机通常默认装配了 Python,因此不再特别介绍。

当然,若计算机上 Python 的版本过低,建议也重新安装高版本的 Python。

1.1.4 字符串 Hello World!

长时间以来,业界都认为在刚刚接触一门新的编程语言时,使用新学习的编程语言在屏幕上输出字符串"Hello World!"会为初学者带来好运,并会与即将要学习的这门编程语言达成"契约"。事实上,Hello World 程序仅涉及一些最基本的语法,通常是新手程序员熟悉一门新编程语言的重要方式。资深程序员都知道 Hello World 对自己的职业生涯产生过多么深远的影响。

接下来,本节就使用 Python 来编写经典程序 Hello World。在计算机终端中输入"python",唤醒 Python3 后,终端中会出现符号">>>",还有一个在其后闪烁的横光标,即命令提示符(command prompt,以下简称提示符),在提示符后输入第一段代码:print("Hello World!"),以使用 Python 运行 Hello World 程序。输入代码后,单击 Enter 键,就能输出一段字符串 Hello World!,输出结果如图 1-5 所示。

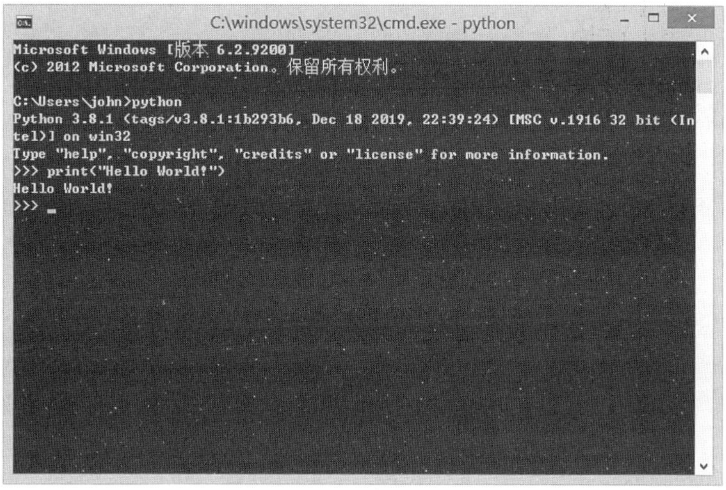

图 1-5 Windows 操作系统在终端中使用 Python 运行 Hello World 程序

Hello World 程序虽然简单,但它有重要的意义:如果它能够在系统上被成功地执行,那么接下来所编写的任何 Python 程序都将如此。下面将会介绍如何在特定的系统中编写这样的 Python 程序。

1.2 在不同操作系统上搭建 Python IDE

Python 作为跨平台的语言,能够在绝大部分主流操作系统中运行。然而,在不同的操作系统中,安装 Python 的方法上存在细微的差异,值得读者留意。本节将详细介绍如何在特定的系统中安装 Python IDE,并成功地执行读者在职业生涯中的第一个 Python 程序——Hello World。

为此,读者首先需要检查系统中是否安装过 Python,如果没有安装过,就要先安装它。Python 安装完成,还需要安装一个 IDE 用于代码编辑。创建一个 Python 文件,用于编写程序 helloPythonWorld.py,这里 .py 结尾的文件就是 Python 的可执行文件格式,类似于 C 语言的 .c 文件格式。最后,在终端窗口中运行 helloPythonWorld.py,并排除故障。

1.2.1 在 Linux 中搭建 Python IDE（以 PyCharm 为例）

Linux 操作系统就是为编程而设计的，因此大多数装配了 Linux 的计算机，通常安装了 Python。这是因为编写与维护 Linux 的开发者们认为，使用 Linux 的用户有很大概率都会使用 Linux 系统从事编写程序的工作。实际上，他们也鼓励用户这样做，图 1-6 所示为 Linux 中最常用的图标，Tux 是一只企鹅，也是 Linux 内核的官方品牌角色。

鉴于此，若要在 Linux 操作系统中编写 Python 代码，用户一般不需要再安装 Python 及其配套软件，也几乎不需要修改任何设置。在 Linux 系统中执行终端应用程序（若所使用的是 Ubuntu，可按 Ctrl＋Alt＋T 快捷键），打开终端窗口。为确保成功安装过 Python，遂执行命令"python3"（注意这里的 p 是小写的），输出内容如图 1-7 所示，明确地罗列出了计算机所安装 Python 的版本信息（Python 3.10.6）。最后的"＞＞＞"为提示符，允许用户在该位置输入 Python 命令。在 Linux 系统中安装 IDE PyCharm 的方法可参照本书附录 A。

图 1-6　Linux 内核的官方品牌角色
（最初在 1996 年被绘制）

图 1-7　Linux 操作系统的终端中唤醒 Python

1.2.2 在 macOS 中搭建 Python IDE（以 PyCharm 为例）

多数 macOS 系统都已经默认安装过 Python。在文件夹"Finder 访达／Applications 应用程序／Utilities 实用工具"中，找到并选择终端，双击打开一个终端窗口；或者按 Command＋space 快捷键，再在弹出的搜索条内输入 terminal 并单击 Enter 键。随后在终端中的"＞＞＞"提示符后执行命令（输入）"python"，终端会自动弹出 Python 的版本和 Clang 的版本，用户从而可以确定是否已经安装过 Python。之后还需再安装一个 IDE 用以编辑 Python 代码（这里以 PyCharm 为例），并需确保其配置是正确无误的。安装方法可参照本书附录 A。

若要检查 macOS 操作系统是否已经安装过 Python 3，可在终端中执行命令"python3"，然后终端的输出会指出系统安装过的 Python 3 的版本，用户就无需安装便可直接使用 Python 3。此外，若终端可以输出 Python 3 的相关信息，则本书接下来所有的"python"命令，都替换为"python3"命令（注意：python 与 3 之间不留空格）。若系统没有安装 Python，或只安装了 Python2，用户又希望安装 Python3，请参阅本书附录 A。

1.2.3　在 Windows 中搭建 Python IDE（以 PyCharm 为例）

Windows 系统并不会默认安装 Python，因此读者就需要先下载并安装 Python，再下载并安装其配套的 IDE。检查 Windows 系统是否已经安装过 Python 的方法为：按 Win+R 快捷键，在对话框中输入"cmd"，再单击 Enter 键，打开 Windows 的终端；随后，在终端窗口中输入"python"命令，并单击 Enter 键，若出现了提示符">>>"，则说明系统已经安装了 Python。然而，读者也可能会看到一条错误信息，指出"python"是无法识别的命令。若是这样，则需要下载 Windows Python 安装程序。为此，读者可参阅本书附录 A。

此外，值得特别强调的是：鉴于本书的面向对象大概率使用 Windows 操作系统与 macOS 操作系统，因此，接下来的示例都将以 Windows 系统上的 Python 与其配套 IDE 为基础来向读者介绍。使用其他操作系统的读者也并不需要焦虑，因为不同系统对 Python 程序语法的影响并不大，仅在执行操作时有细微差别，但这种差别几乎可以忽略不计。当然，本书也会介绍不同系统执行同一段 Python 代码时的差异，以便读者获悉。

1.3　安装问题的解决方案

如果读者已经参照前面的内容完成了所有安装步骤，通常应该已成功搭建 IDE，但若是始终无法执行 helloPythonWorld.py，可尝试如下解决方案。

- 当程序出现错误时，Python 将会显示 Traceback。而 Traceback 会提供线索，使用户获悉到导致程序无法被执行的原因。
- 先尝试转移视线，再检查语法，看程序结尾的冒号是否缺失，引号、括号与花括号是否成对存在，这些都有可能导致程序无法正确地运行。
- 将文件 helloPythonWorld.py 删除，再重新创建并重新编码。
- 请专家帮忙在你的计算机上按照步骤重新做一遍。
- 到网上寻求协助，例如论坛或官网。

1.4　在终端中运行 Python 程序

通常情况下，程序员编写的大多数程序都能够直接在 IDE 中被执行，但用户掌握如何在终端中运行程序也是非常必要的。要知道，任何安装了 Python 的系统都支持从终端中运行程序，但前提是需要了解程序文件所在目录。

1.4.1　在 Linux 系统与 macOS 系统中运行 Python 程序

在 Linux 与 macOS 系统的终端中运行 Python 程序的方式是相同的，具体操作如下。

在终端会话中，使用命令"cd"（切换目录，change directory 的简写）在文件系统中导航，使用命令"ls"（列表，list 的简写）显示当前目录中所有未隐藏的文件。为了顺利运行文件 helloPythonWorld.py，需要先打开一个终端窗口，再执行图 1-8 中的指令。通过命令"cd"进入特定的 Python 程序所在文件夹中，以执行对应的 Python 程序，执行方法可参考 1.4.2 节，命令"ls"可辅助显示该文件目录中是否包含待执行的 Python 程序。

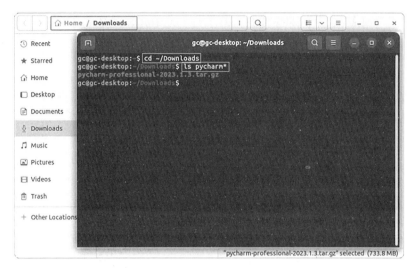

(a) Linux系统执行命令

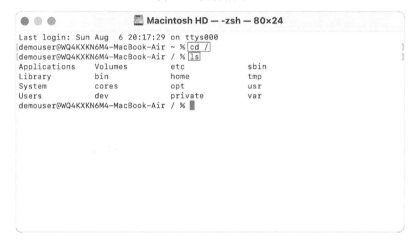

(b) macOS系统执行命令

图 1-8　不同系统中执行命令

1.4.2　在 Windows 系统中运行 Python 程序

Windows 系统同样需要打开终端窗口，可按 Win＋R 快捷键，在对话框中输入"cmd"，再单击 Enter 键，打开 Windows 的终端。

在终端界面输入"d"，单击 Enter 键进入 D 盘（同理可进入其他磁盘）。

mkdir 命令，用于创建目录，make directory 的简写，其用法为"mkdir＋文件夹名"，例如 mkdir folderName，用于新建一个名为 folderName 的文件夹。

cd 命令，用于在文件系统中导航，例如 cd folderName 可以进入刚刚新建的 folderName 文件夹，用这种方法可进入代码所在的文件夹。

dir 命令，用于显示目录，directory 的简写，在命令提示符下输入"dir"就能列出当前磁盘中的全部文件。如果黑客要找"肉鸡电脑"的资料，通常都是使用这个命令来查看。

命令 cd..可回到上一层级的文件夹目录。

touch 命令，"touch＋程序的文件名"，例如 touch helloPythonWorld.py，可用于创建一个名为 helloPythonWorld 的 Python 程序（.py 是 Python 可执行文件的扩展名）。如果在 Windows 系统中执行 touch 命令创建文件时显示"touch 不是内部或外部命令，也不是可运行的程序或批处理文件"，这是由于 touch 是 Linux 系统的命令，遇到这种问题时，Windows 系统下建议使用"type nul＞＋程序的文件名"（type nul＞后无空格，直接跟文件名），例如 type nul＞helloPythonWorld.py，可用于创建一个名为 helloPythonWorld 的 Python 空程序文件；也可使用"echo ＊＞＋程序的文件名"（＊代指非空文件中的内容），例如 echo test＞helloPythonWorld.py（echo test＞后无空格），可用于创建一个名为 helloPythonWorld 的内容为 test 的 Python 非空程序文件。执行命令"notepad＋程序的文件名"，例如 notepad helloPythonWorld.py，可用于访问并编辑该文件。最后，使用命令 python helloPythonWorld.py 在终端中运行 helloPythonWorld.py 文件。

多数程序都可以直接在 IDE 中运行，但当需要解决的问题比较复杂时，程序就可能需要在终端中运行，以上介绍的操作如图 1-9 所示。

图 1-9　在 Windows 系统中运行 Python 程序

1.5 本章小结

本章详细介绍了 Python，并介绍了在不同系统中安装 Python 的方法。此外，还介绍了安装并配置 Python IDE 的方法，以简化编写 Python 代码时的工作流程。最后，本章介绍了在终端会话中如何创建文件夹、进入该文件夹、退出该文件夹、创建 Python 的可执行文件、访问并编辑该 Python 可执行文件，编写第一条代码并运行该 Python 代码。通过学习本章，读者能够成功运行其职业生涯中的第一个程序——helloPythonWorld.py。下一章将详细介绍 Python 程序中常用的各种数据类型与变量。

1.6 习题

1. Python.org。登录 Python 官网，浏览 Python 的主页，找寻感兴趣的主题，如图 1-10 所示。

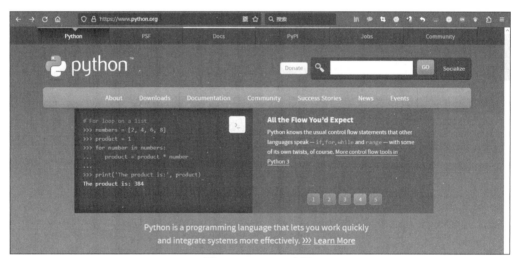

图 1-10 Python 官网

2. 设置目标。经过第 1 章的学习，相信读者无论使用何种系统，都应该已经能够成功安装对应版本的 Python 与 Python IDE 了，后面将开始学习编写 Python 程序。现在正是制定一个清晰的学习计划并树立一个明确的学习目标的时候，请仔细描绘一下希望使用 Python 来完成的任务，例如开发一款游戏等。可描绘三项任务，并罗列在.txt 文本文件中。

第 2 章　Python 中简单的数据类型与变量

本章将会介绍 Python 中常用的各种数据类型，还将会介绍如何将数据存储到变量里以及在程序中使用这些变量的方法。

2.1　运行

运行 helloPythonWorld.py 文件时，Python 所做的工作很繁重。当看到.py 格式的文件时，IDE 将使用 Python 解析器来运行它。Python 解析器将读取整个程序，并逐个确定其含义。当解析器读取到 print 函数时，解析器将括号内的字符串内容显示在屏幕上（终端中）。

```
print("Hello Python world!")
```

此外，PyCharm 作为一款 IDE，其很重要的一个作用是以不同方式来突出程序的不同部分。例如，其可辨认 print 为一个函数名称，故将其设置为蓝色，而字符串内容则设置为绿色，这种功能称作语法突出。

键入命令 python helloPythonWorld.py（注意不要遗漏扩展名.py），以执行程序 helloPythonWorld.py，终端中的编译结果为

```
D:\python_learn\helloWorld>python helloPythonWorld.py
Hello Python World!
```

2.2　变量

同样输出"Hello Python World!"这个字符串类型的变量，但尝试在代码 helloPythonWorld.py 文件中引入一个变量 sentence（变量名可自定义），代码为

```
sentence = "Hello Python World!"
print(sentence)
```

重新执行程序文件 helloPythonWorld.py，结果同样会在终端中输出"Hello Python World!"这句话。变量 sentence 与字符串"Hello Python World!"通过"="（赋值号）相关联，print(sentence)语句将与变量 sentence 相关联的值输出在终端中，输出结果为

```
D:\python_learn\helloWorld>python helloPythonWorld.py
Hello Python World!
```

下面进一步扩展以上程序 helloPythonWorld.py，使其再输出一条字符串信息"Create the First Python Program！"。可以在现有代码后添加一行空行（扩展后的 helloPythonWorld.py 程序第 3 行），再另外添加如下两行代码（程序第 4 行与第 5 行）。

```
sentence = "Hello Python World!"
print(sentence)

sentence = "Create the First Python Program!"
print(sentence)
```

执行上述扩展后的程序 helloPythonWorld.py，其运行结果在终端中如下所示。

```
D:\python_learn\helloWorld>python helloPythonWorld.py
Hello Python World!
Create the First Python Program!
```

再添加一行空行，并添加两行代码，扩展程序如下所示。

```
sentence = "Hello Python World!"
print(sentence)

sentence = "Create the First Python Program!"
print(sentence)

sentence = "Print a Sentence!"
print(sentence)
```

上述程序在终端中的运行结果如下所示。

```
D:\python_learn\helloWorld>python helloPythonWorld.py
Hello Python World!
Create the First Python Program!
Print a Sentence!
```

通过上文可以看出，Python 程序能够随时修改变量的值（这里的变量是 sentence），但 Python 会始终记录变量值的最新改变，这点要牢记。

2.2.1 变量的使用及命名方法

在 Python 中，变量的命名是自定义的，为确保命名不会太过随意，因此在自定义变量名时仍需遵循一些规定，这些规定在其他类型的编程语言中通常也适用。遵循它有助于使编写的代码更清晰、易理解、易阅读，而违反它易触发报错。下面是自定义变量时需遵守的基本规则。

- 变量的命名仅允许包含下画线、字母与数字。Python 允许变量名称以下画线或字母开头，但不支持直接以数字开头，即变量可命名为 sentence_01 或 _sentence01，但不支持 01_sentence 这类命名。
- 变量的命名仅允许使用下画线来分隔单词，不允许变量名中包含空格，即可命名为

sentence_01，但不支持 sentence 01 这类命名。
- 不允许将 Python 中的函数名和关键字用于命名变量，例如 print 等。
- 变量命名应该既简短又具备说明性。例如，sentence 好过单独一个字母 s，print_sentence 又好过 sentence。
- 请谨慎使用小写字母 l 与大写字母 O，因为这常会被初学者错认为是数字 1 与 0。

注意：在为变量命名时，应避免使用大写字母，虽然使用大写字母并不会引发报错，但尽量使用小写字母来命名变量是不错的选择。

2.2.2 变量使用中避免拼写、命名错误

在程序员的"成长"过程中难免犯错，初学者通常常犯的错误就是前后拼写不一致。这里人为制造一个过错，并尝试消除它。下述代码特意在 print 输出时将单词拼写错误（这里将原本声明的自定义变量 sentence，在输出时错误拼写为 sentences），从而触发代码报错（详见以下代码第 2 行）。

```
sentence = "Hello Python World!"
print(sentences)
```

在终端中的项目所在的文件夹内，输入"python helloPythonWorld.py"以执行存在变量拼写错误的程序 helloPythonWorld.py，其在终端中的执行结果如下所示。

```
D:\python_learn \helloWorld>python helloPythonWorld.py
Traceback <most recent call last>:
  File "helloPythonWorld.py", line 2, in <module>
    print<sentences>
NaneError: name 'sentences' is not defined
```

由运行结果可知，在 Python 中，当代码因存在错误而无法顺利运行时，Python 解析器会提供如上所示的 Traceback 信息，用以指明 Python 解析器在逐行运行代码时，哪一行导致其陷入困境，进而编译不通过。从上面解析器指出的报错信息可知程序 helloPythonWorld.py 的 line 2，即第 2 行存在错误，其还列出了错误代码 print(sentences)，旨在协助用户找出错误代码，并在下一行指明了 Python 认为的错误类型：NameError: name 'sentences' is not defined，即输出的变量"sentences"未被定义。Python 发现了一个无法识别的变量名称，而无法识别的名称通常意味着用户忘记声明已经赋值但待使用的变量，或者变量使用时与声明时的拼写不一致。

进一步修改 helloPythonWorld.py，将 sentence = "Hello Python World!"改为 sentences = "Hello Python World!"，确保 print 打印的变量名与原本声明的变量名 sentences 二者拼写一致，如下所示。

```
sentences = "Hello Python World!"
print(sentences)
```

在终端中运行代码，并在终端中输出，结果如下所示。

```
D:\python_learn \helloWorld>python helloPythonWorld.py
Hello Python World!
```

由上面的测试可知，Python 解析器其实并不关心自定义函数命名时单词的拼写是否正确，但严格要求声明函数和使用该函数时其名称的单词的拼写要前后一致。换句话讲，在创建函数名时无须考虑英文拼写是否正确，仅需要遵循前面提到的语法要求，并在调用时保持拼写一致即可。这一原则同样适用于自定义变量等的命名。

注意：Python 中的内建函数名与特定关键字的拼写要严格按照要求，不能有丝毫拼写错误，例如 print 函数。

2.3 字符串类型

采集并使用数据来完成有意义的事情是编程的其中一项使命。为此，需要对不同类型的数据进行分类，就可以更好地使用这些数据。在众多不同的数据类型中，本章首先为读者介绍的数据类型为字符串(String)。字符串作为最基本的一种数据类型，是由字母、符号或数值所构建起来的连续序列，一般记为"$a_1,a_2,\cdots,a_n$"，即双引号之间的内容，它是编程中表示文本的数据类型。这里的引号可以为单引号，也可以为双引号，允许在一段字符串中同时出现。

```
"Complete the First Case!"
'Complete the First Case!'
```

2.3.1 修改字符串大小写的方法

对于字符串，本节最先介绍的操作就是修改其大小写，代码如下所示。

```
alienName = "the extra-terrestrial"
print(alienName.title())
```

执行上述代码，输出结果如下。

```
D:\python_learn \helloWorld>python alienName.py
The Extra-Terrestrial
```

上述的代码中，小写字符串信息 "the extra-terrestrial" 被存储在变量 alienName 内，而在 print() 语句中，方法.title()(注意，这里的 title() 就是执行首字母大写显示的关键字，仅需要模仿示例 alienName.py 的写法，Python 即可完成此类操作)被置于变量 alienName 之后，是 Python 对数据所要执行的操作。alienName.title()语句中的.(句点)，能使 Python 对 alienName 变量执行特定操作，这里是执行每个单词的首字母大写操作。此外，每种方法后面都跟着一对圆括号，这是因为方法通常需要获得额外的信息输入才能完成其工作，而额外输入的信息是需要在括号内提供的。上述代码中，title()不需要额外信息就可以执行对应操作，所以其后的括号为空。

下面再介绍几个同样很有用的大小写处理方法,例如将字符串类型的数据中全部单词以大写、小写的形式在终端中显示出来,代码如下所示。

```
alienName = "the extra-terrestrial"
print(alienName.title())
print(alienName.upper())
print(alienName.lower())
```

终端中执行上述代码,其显示在终端中的结果如下所示。

```
D:\python_learn \helloWorld>python alienName_01.py
The Extra-Terrestrial
THE EXTRA-TERRESTRIAL
the extra-terrestrial

D:\python_learn \helloWorld>
```

在采集数据的过程中,用户可能不会提供正确的大小写形式的数据,但在实际任务中使用数据时,则可能需要其遵循正确的大小写形式,以上介绍的 title()、lower()与 upper()方法适用于此类场景。

2.3.2 拼接字符串的方法

在现实仿真实验与应用中,都可能需要将不同的字符串信息拼接为一个完整的字符串。例如,在收集数据时可能姓与名是分别采集的,但使用时需要将二者结合,来看下列示例。

```
given_name = "davison"
family_name = "wong"
full_name = given_name + " " + family_name
print(full_name)
```

Python 中通常使用加号"＋"合并字符串信息,如上述代码中通过"＋"合并 given_name 与 family_name。其中间的空格则通过在双引号中间加空格来实现,以此获得拼接好的有空格的字符串。在终端中运行代码后,输出的结果如下所示。

```
D:\python_learn \helloWorld>python fullName.py
davison wong

D:\python_learn \helloWorld>_
```

以上介绍的这种方法被称作拼接。通过采用拼接这种方法,就可使用存储在变量内的信息来构建起一条更完整的信息。接下来,再来看一个示例。

```
given_name = "davison"
family_name = "wong"
full_name = given_name + " " + family_name
print("Hello, " + full_name.title() + ".")
```

这里运行的结果是打印一条问候语，其使用了前文所介绍的 title( ) 函数，以将 full_name 的格式重置为首字母大写的格式。再在 full_name 的开头与结尾分别使用拼接的方法，拼接了两段字符串。

在终端中运行该代码，其结果是一条简单的问候语，如下所示。

```
D:\python_learn \helloWorld>python fullName.py
Hello, Davison Wong.
```

2.3.3 使用换行符与制表符为字符串添加空白

在现实仿真实验中或应用中，难免需要拼接不同的字符串信息。而不同字符串信息之间通常需要使用空白来组织格式，使其更加清晰、更加易读。而空白泛指任何非打印字符，例如制表符、换行符、空格等。

如果要在字符串内添加制表符，在 Python 中就不得不提到关键字\t 了。可尝试在字符串中想要空格的特定位置添加"\t"，从而在字符串的特定位置处添加空行，代码如下所示。

```
print("Python")

print("\tPython")
```

在终端中执行程序 blankTest.py，结果如下所示。不难发现，使用了"\t"后，其输出结果在该位置会有一个 4 个空格的缩进。

```
D:\python_learn \helloWorld>python blankTest.py
Python
        Python
```

若要在字符串内添加换行符，可利用字符组合"\n"来改写 blankTest.py，代码如下所示。

```
print("Program Language: \nPython\nC\nC++\nC#\nJava")
```

再次在终端中运行改写后的 blankTest.py，其结果如下所示。

```
D:\python_learn \helloWorld>python blankTest.py
Program Language:
Python
C
C++
C#
Java
```

在字符串特定位置添加"\n"，可使其在特定位置处换行。当然，也可以在同一字符串内同时包含换行符与制表符，其可以使字符串换到下一行，并在新一行特定位置添加一个制表符,代码如下所示。

```
print("Program Language: \n\tPython\n\tC\n\tC++\n\tC#\n\tJava")
```

再次在终端中运行上述代码,结果如下所示。

```
D:\python_learn \helloWorld>python blankTest.py
Program Language:
        Python
        C
        C++
        C#
        Java
```

2.3.4　删除字符串中的空格

'python '与 'python　' 看上去区别不大,但对于 Python 来讲,却是两个包含有不同内容的字符串。Python 能够辨识出字符串'python　' 中包含的空格字符,并错误地认定其是有含义的。因此,剔除字符串中包含的额外空格就十分必要了。幸运的是,Python 有专门的方法用以剔除字符串开头或末尾处多余的空格。若要保证字符串末尾处不包含多余的空格,可采用函数 rstrip()。

在终端中,输入 python 即可激活 Python 编译环境,激活成功会显示 Python 的版本。在">>>"后输入 programLanguage = 'python　'(①),不难发现存储在 programLanguage 变量中的字符串 'python　' 末尾处包含一个字符的空格。输入 programLanguage(②),以此在终端中向 Python 询问该变量的值,再按 Enter 键,显示的值包含空格。接下来,对 programLanguage 调用函数 rstrip()(③),再按 Enter 键,由其结果可知,这个多余的空格被删除了。再次询问 programLanguage(④)这个变量的值,其值又显示为 'python　',这表明通过调用 rstrip()函数来删除空格仅是暂时的。如果想要永久地删除这些字符串内的空格字符,需将执行过剔除空格操作的结果再重新赋值给原来的变量 programLanguage(⑤)。这也是变量的值会伴随着程序的运行或用户输入数据而产生变化的原因。

最后,按 Ctrl+Z 组合键(⑥),再按 Enter 键,就能够退出 Python 编译环境了,代码如下所示。

```
D:\python_learn \helloWorld>python
Python 3.8.1 <tags/v3.8.1:1b293b6, Dec 18 2019, 22:39:24> [MSC v.1916 32 bit
<Intel>] on win32
Type "help", "copyright", "credits" or "license" for more information.
>>> programLanguage= 'python '      ①
>>> programLanguage                 ②
'python '
>>> programLanguage.rstrip<>        ③
'python'
```

```
>>> programLanguage   ④
'python'
>>> programLanguage= programLanguage.rstrip<>   ⑤
>>> programLanguage   ⑤
'python'
>>> ^Z   ⑥


D:\python_learn \helloWorld>
```

除了删除字符串末尾处的空格外,Python 开发语言也提供了函数 lstrip(),用于剔除字符串开头的空格字符,以及函数 strip(),用于同时剔除字符串两端的字符串空格。不同方法对比示例代码如下所示。

```
D:\python_learn \helloWorld>python   ⑦
Python 3.8.1 <tags/v3.8.1:1b293b6, Dec 18 2019, 22:39:24> [MSC v.1916 32 bit
<Intel>] on win32
Type "help", "copyright", "credits" or "license" for more information.
>>> programLanguage= 'python'   ⑧
>>> programLanguage.rstrip<>   ⑨
'python'
>>> programLanguage.lstrip<>   ⑩
'python'
>>> programLanguage.strip<>   ⑪
'python'
>>>
```

在上述代码中,首先在终端中输入 Python(⑦)。然后将变量 programLanguage 赋值为开头与结尾都有空格的字符串' python '(⑧)。接下来分别利用 rstrip()函数剔除结尾处的空格(⑨)、利用 lstrip()函数剔除开头处的空格(⑩)、利用函数 strip()剔除字符串两端的空格(⑪)。在实际应用中,这些方法(或称函数)常被用来清理字符串数据中多余的空格,然后再进行存储。最后,退出 Python 编译环境。退出的方法主要有以下三种。

(1) 输入 exit(),再按 Enter 键;
(2) 输入 quit(),再按 Enter 键;
(3) 按 Ctrl+Z 组合键,再按 Enter 键。

2.3.5 在使用字符串时规避语法错误

每当程序内包含有非法的 Python 代码时,通常会导致语法错误。

在字符串中常出现的语法错误之一是在单引号括起来的字符串内包含符号"'",这会导致 Python 将前面一个单引号与字符串中的"'"当作一对字符串,而剩余的文本会被错误地认为是 Python 代码,从而触发报错。接下来,本节将介绍如何正确地使用双引号与单引号。

新建一个程序,具体方法在 1.4.2 节中已经介绍过,并将其命名为 debug.py,双击打开新建程序 debug.py,键入以下代码。

```
info = "Python's a cross-platform computer programming language"
print(info)
```

由于"'"介于双引号间,Python 解析器可以准确地理解该字符串的含义。在终端中运行该程序,其结果如下所示。

```
D:\python_learn \helloWorld>python debug.py
Python's a cross-platform computer programming language

D:\python_learn \helloWorld>
```

若将前面的双引号替换为单引号,那么 Python 解析器将很难准确地识别字符串的结束位置,修改该程序,如下所示。

```
info = 'Python's a cross-platform computer programming language'
print(info)
```

再次在终端中,执行该代码,可观察到以下报错输出。

```
D:\python_learn \helloWorld>python debug.py
  File "debug.py", line 1
    info = 'Python' s  a cross-platform computer programming language'
                  ^
SyntaxError: invalid syntax

D:\python_learn \helloWorld>_
```

注意:Python IDE 的语法突出功能可有效辅助用户找出语法错误。当观察到 Python 的代码以普通字符串句子的颜色呈现,或者普通字符串句子以 Python 代码的颜色呈现时,就意味着程序内可能存在引号匹配不良的状况。

2.4 数字

数字是数学表达的一种方式,在编程中数字也起着至关重要的作用。例如,为游戏计分、记录数据,或者是存储获取到的 Web 应用数据等。Python 能够依据数字的不同用法以不同方式来处理它。下面就来学习 Python 如何管理数字。由于整数型是最基础的数字类型,因此先从整数型数字讲起。

2.4.1 整数型(Int)、运算符与运算法则

在多数编程语言中,+、-、*、/分别对应加、减、乘、除运算,Python 也不例外。在终端

会话中 Python 可直接返回运算的结果，下列代码分别展示四种运算对应代码。

```
C:\Users\john>python
Python 3.8.1 <tags/v3.8.1:1b293b6, Dec 18 2019, 22:39:24> [MSC v.1916 32 bit
<Intel>] on win32
Type "help", "copyright", "credits" or "license" for more information.
>>>
>>> 5+6
11
>>> 9-5
4
>>> 3*9
27
>>> 5/4
1.25
>>>
```

Python 使用两个**乘号来表示乘方运算。

```
D:\python_learn\helloWorld>python
Python 3.8.1 <tags/v3.8.1:1b293b6, Dec 18 2019, 22:39:24> [MSC v.1916 32 bit
<Intel>] on win32
Type "help", "copyright", "credits" or "license" for more information.
>>> 9**2
81
>>> 9**3
729
>>> 10**9
1000000000
>>>_
```

数学运算需要遵循混合运算法则，即先乘除、后加减，有括号则依据优先级先计算括号里面的数值，再依次计算括号外面的数值。

Python 也是遵循运算次序的，因此可在同一表达式内运用多种混合运算。当然，Python 也支持运用括号来修改运算的次序，如下代码为终端中执行混合运算的结果。

```
D:\python_learn\helloWorld>python
Python 3.8.1 <tags/v3.8.1:1b293b6, Dec 18 2019, 22:39:24> [MSC v.1916 32 bit
<Intel>] on win32
Type "help", "copyright", "credits" or "license" for more information.
>>> 4 + 3 * 6
22
>>> <4 + 3> * 6
42
>>>_
```

以上示例中也添加了空格用于测试，可以看出不论空格添加在什么位置均不会影响 Python 计算表达式的方式与运算结果。因此，空格的作用仅限于方便读者阅读代码。

2.4.2 浮点数型（Float）

不论 Python 还是其他的主流编程语言，通常都将数学中带小数点的数称为浮点数。很大程度上讲，在使用浮点数时都不需要考虑其行为。仅需输入要使用的数字，Python 就会按照希望的方式去处理它们，来看下列在终端中所完成的示例代码。

```
D:\python_learn \helloWorld>python
Python 3.8.1 <tags/v3.8.1:1b293b6, Dec 18 2019, 22:39:24> [MSC v.1916 32 bit
<Intel>] on win32
Type "help", "copyright", "credits" or "license" for more information.
>>> 4 + 3 * 6
22
>>> <4 + 3> * 6
42
>>> 0.4 + 0.6
1.0
>>> 0.6 - 0.4
0.19999999999999996
>>> 0.6 * 0.4
0.24
>>> 0.4 / 0.2
2.0
>>> _
```

如上述代码所示，所包含的浮点数的小数位数可能是不确定的。但是，几乎所有的编程语言都存在类似问题，因此没什么可担忧的。相信 Python 社区会尽力找到一种方式，以尽可能快地、精确地表示输出结果，但受计算机内部表示数字方式的制约，某种程度上讲这也是有难度的。就现有情况而言，暂时忽略多余的小数位即可。

2.4.3 函数 str()

字符串中包含数字的情况在生活中很常见，例如，跟朋友提及自己的年龄，若将该情景通过程序记录的话，就可能需要编写类似于下面所示的这些代码。

```
age = 23
info = "I am" + age + " years old this year."
print(info)
```

运行上述代码，初学者主观上可能会认为上述代码会打印一条简单的字符串信息，即"I am 23 years old this year."但如果真的执行了上述代码，将发现它会触发报错，错误信息如下所示。

```
D:\python_learn \helloWorld>touch myAge.py

D:\python_learn \helloWorld>python myAge.py
Traceback <most recent call last>:
```

```
    File "myAge.py", line 2, in <module>
        info = "I an" + age + " years old this year."
TypeError: can only concatenate str <not "int"> to str

D:\python_learn \helloWorld>_
```

"TypeError：can only concatenate str（not "int"）to str"，这是一个类型错误，字面意思是"仅能将 str 字符串类型（而非"int"整数型）连接到 str 字符串内"。换句话说，Python 发觉代码中包含一个非 str 字符串型，而 Python 解析器不知道如何解读该值。因此，用户需要明确地向 Python 指出希望该 int 值被当作字符串类型的值来使用。因此就不得不介绍函数 str()了，其可使 Python 将非字符串类型的值转换为字符串，使用 str()函数的代码如下所示。

```
age = 23
info = "I am " + str(age) + " years old this year."
print(info)
```

在终端中，再次执行修改后的上述代码，结果如下所示。

```
D:\python_learn\helloWorld>python myAge.py
I am 23 years old this year.
```

通常，Python 中使用数字并不困难。如果结果报错，建议请检查 Python 解析器是否按照期望的方式解读数字为字符串，如果没有，可使用 str()函数。

2.5　Python 中的注释

在几乎所有的编程语言中，注释都是重要的功能之一。本章目前所编写的程序都仅包含代码，但接下来随着程序越来越复杂，为复杂的程序添加说明，对复杂的代码进行大致的阐述就变得非常必要了。Python 的注释支持使用自然语言在程序中添加说明，但这类说明并不会参与到程序的运算中。作为合格的程序员，一定要养成勤写注释的习惯。

2.5.1　使用♯编写注释

不同于 C♯中使用"//"符号注释代码，Python 中注释代码需要使用井号（♯）标识。♯号后面的内容将会被 Python 解析器忽略，不参与运算，如下面代码所示。

```
# Print a sentence
print("Hello Python World")
```

在终端中执行上述程序，结果如下所示，不难发现 Python 解析器会忽略第 1 行代码"Print a sentence"，仅执行第 2 行"Hello Python World"。

```
D:\python_learn \helloWorld>python annotation.py
Hello Python World
```

2.5.2　编写注释

Python 注释的作用具体主要体现在以下三方面。

（1）描述自己编写的代码的作用和描述代码如何实现，以防止随着时间的推移而遗忘这些细节。

（2）方便程序员之间更简单、快速地理解代码。如果要成为专业的程序员或与其他程序员协作，就需要编写清晰且有意义的注释。当前，多数软件项目都是团队协作的成果，一个完整的项目有可能是由来自全球的、许多不同国家的开发者共同协作完成的，或者众多素未谋面、但致力于同一开源项目的开发者们协作完成的。虽然他们可以通过读代码来明确各个部分的工作原理，但阅读注释，可以以更清晰的自然语言来对解决方案进行理解，节省许多时间。通常训练有素的开发者都希望自己负责的项目中包含丰富的注释。因此，作为新手，养成在代码中添加尽可能详尽、清晰、具备说明性的注释十分必要。

（3）可以标注日期与负责该项目的程序员的姓名。通常，在一个大的项目中，标注日期和完成人姓名必不可少，这不仅可以控制项目进度，也可以在项目出问题时第一时间找到责任人。

2.6　Python 之禅——The Zen of Python

编程语言 Practical Extraction and Report Language（Perl）是一种功能丰富的计算机程序语言，可以运行在超过 100 种计算机平台上，从大型机器到便携式设备、从快速原型创建到大规模可扩展开发都可以广泛应用。彼时，"办法不止一个（There's More Than One Way To Do It）"已经被 Perl 社区奉为格言，该格言一度深受开发者们的认可，也是由于 Perl 固有的灵活性使诸多问题都有许多不同的解决方案。在开发项目时，这种灵活性可被接受，但开发者们终究会意识到，过于强调灵活性容易导致大型项目协作、维护困难，即需要消耗精力来研究代码，进而搞清楚程序是如何工作并解决复杂问题的，这实际上会造成麻烦与困难。

基于 Perl 语言的问题，Python 社区更加倡导规则与避繁就简。Python 社区的格言包含在 Tim Peters 所撰写的"The Zen of Python"中，若要获悉这些有关编写优秀 Python 代码的指导原则，仅需在终端中先唤醒 Python，再在解释器中执行命令"import this"便可显示出该原则内容。The Zen of Python 被翻译为"Python 之禅"，读一读就能明白为何它们对 Python 新手是至关重要的了。

The Zen of Python(Python 之禅)的翻译如下所示。

Beautiful is better than ugly(优美比丑陋好)

Explicit is better than implicit(清晰比晦涩好)

Simple is better than complex(简单比复杂好)

Complex is better than complicated(复杂比错综复杂好)

Flat is better than nested(扁平比嵌套好)

Sparse is better than dense(稀疏比密集好)

Readability counts(可读性很重要)

Special cases aren't special enough to break the rules（特殊情况也不应该违反这些规则）

Although practicality beats purity（但现实往往并不那么完美）

Errors should never pass silently（异常不应该被静默处理）

Unless explicitly silenced（除非你希望如此）

In the face of ambiguity, refuse the temptation to guess（遇到模棱两可的地方，不要胡乱猜测）

There should be one—and preferably only one—obvious way to do it（肯定有一种通常也是唯一一种最佳的解决方案）

Although that way may not be obvious at first unless you're Dutch（尽管这种方案并不是显而易见的，除非你是荷兰人①）

Now is better than never（现在开始做比不做好）

Although never is often better than ＊right＊ now（不做比盲目去做好）

If the implementation is hard to explain, it's a bad idea（如果一个实现方案难于理解，它就不是一个好的方案）

If the implementation is easy to explain, it may be a good idea（如果一个实现方案易于理解，它很有可能是一个好的方案）

Namespaces are one honking great idea—let's do more of those（命名空间非常有用，我们应当多加利用）

2.7 本章小结

本章详细介绍了 Python 中使用变量的方法，包括创建具有描述性的变量名的方法以及如何消除名称错误与语法错误。除此之外，还介绍了字符串的概念以及使用全小写、全大写与首字母大写等格式来显示字符串。合理使用空格符来整理输出，使输出结果更加整洁、清晰，使用函数剔除字符串内容中多余的空格。接着介绍了整型数与浮点型数的使用，使用数值数据时需注意的行为。使用"♯"号来编写具备说明性的注释的方法，建议常编写注释以使代码更清晰、更容易理解。最后，介绍了 The Zen of Python，其对 Python 新手至关重要。

在下一章中，本书将详细介绍如何在被称为列表的变量里存储信息集，以及如何通过遍历列表来对其中信息进行相应操作。

2.8 习题

1. 打印字符串。新建一个名为 sample_sentence.py 的可执行文件，并将一条字符串信息存储在变量中，再打印出该变量中的字符串内容。

2. 打印多条字符串。改写习题 1 中的变量所存储的字符串内容，并再次将更新的字符串内容打印出来。

---

① 这里的荷兰人指的是 Python 之父 Guido van Rossum（吉多·范罗苏姆）。

3. 打印消息。将 Extra-Terrestrial 存储在一个自定义的变量内，并打印一条消息："The Extra-Terrestrial（1982）is an immensely popular magical fantasy movie myth"。

4. 首字母大写、全大写和全小写的方式显示姓名。将习题 3 中的消息存储在一个自定义的变量内，将其分别以首字母大写、全大写和全小写的方式显示。

5. 打印台词。打印一句包含引号的台词，要求输出为"You could be happy here. I could take care of you. I wouldn't let anybody hurt you. We could grow up together，E.T"。

6. 重复打印。重复练习习题 5，但需要将字符串末尾处的 E.T 存储在变量 alien 中，并将整句话存储在变量 info 中，再打印该句话。

7. 剔除空白。在一个变量中存储一个人名，并在其开头和末尾都包含一些空格字符。请务必至少使用字符组合"\t" 和"\n" 各一次。

打印这个人名，以显示其开头和末尾的空白。然后，分别使用剔除函数 lstrip()、rstrip()和 strip()对人名进行处理，并将结果打印出来。

8. 加减乘除混合运算。编写 4 个表达式，分别使用加、减、乘、除运算，并要求结果均为 6。使用 print 语句打印出来，例如，print(3 ＋ 3)。

9. 描述最喜欢的数字。将你最喜欢的一个数字存储于一个变量内，再打印一条包含该变量的信息，指出"我最喜欢的数字为 6"。

10. 编写第一条注释。编写职业生涯中的第一条注释，例如，在程序文件的开头或者末尾添加上你的姓名与完成练习的日期，再使用一句话简明扼要地描述程序的工作原理。

第3章 列 表

本章与第4章,将介绍 Python 中的列表(List)这一概念,以及使用列表中的元素的方法。列表作为一个支持存储组信息的空间,其中可仅包含几个元素,也可包含数百万甚至更多的元素。列表作为 Python 最强大的功能之一,其包含了诸多重要的编程概念。

3.1 Python 列表

何为 Python 列表? Python 列表是由一系列元素按照特定的顺序构成的数据结构,也就是说列表类型的变量可以存储多个数据,且可以重复。换句话说,列表是元素的集合。例如,26 英文字母列表,其中字母 A~Z 就是该列表中的元素。列表中所存储的元素类型是没有限制的,可以将任意元素添加进列表里。考虑到列表通常都会包含诸多元素,因此,需要为列表指定一个具有描述性的、表示复数含义的变量名称,例如 letters、digits。

在 Python 中,常用方括号来表示列表,并用逗号分隔列表中的元素。接下来,列举一个列表的实例: letters = ['A', 'B', 'C', 'D', 'E', 'F', 'G', 'H', 'I', 'G', 'K', 'L', 'M', 'N', 'O', 'P', 'Q', 'R', 'S', 'T', 'U', 'V', 'W', 'X', 'Y', 'Z'],代码如下所示。

```
letters = [
    'A', 'B', 'C', 'D', 'E', 'F', 'G', 'H', 'I', 'G', 'K', 'L', 'M', 'N', 'O', 'P',
    'Q', 'R', 'S', 'T', 'U', 'V', 'W', 'X', 'Y', 'Z'
]

print(letters)
```

在终端中输入 python letter.py,以使用 Python 解析器在终端中将列表 letters 打印出来。Python 解析器会打印出列表 letters 的全部元素内容,其中也包括方括号,终端中打印的结果如下所示。

```
D:\python_learn \helloWorld>python letter.py
['A', 'B', 'C', 'D', 'E', 'F', 'G', 'H', 'I', 'G', 'K', 'L', 'M', 'N', 'O', 'P', 'Q',
'R', 'S', 'T', 'U', 'V', 'W', 'X', 'Y', 'Z']

D:\python_learn \helloWorld>_
```

但有时,特定的任务需要访问列表中特定的元素。下面介绍如何访问列表中特定的元素。

3.1.1 访问列表中特定的元素

列表是有序元素的集合,因此若要访问列表中的任意元素,仅需要将该元素的索引或是位置告知给 Python 即可。要访问列表元素,可以指出列表的名称,再指出元素的索引,并将其放入方括号内。下面是尝试提取出列表 letters 中第 1 个元素的代码示例。

```
letters = [
    'A', 'B', 'C', 'D', 'E', 'F', 'G', 'H', 'I', 'G', 'K', 'L', 'M', 'N', 'O', 'P',
    'Q', 'R', 'S', 'T', 'U', 'V', 'W', 'X', 'Y', 'Z'
]
print(letters[0])
```

如第 6 行(①)所示,print(letters[0]) 能够访问列表中的第 1 个元素(第 1 个元素索引是 0,第 2 个元素索引是 1,以此类推)。列表名[索引]就是访问列表中元素的语法。执行 python letter.py,终端中其输出结果如下所示。

```
D:\python_learn \helloWorld>python letter.py
A

D:\python_learn \helloWorld>
```

可以观察到,这种语法使 Python 仅仅返回了期望获取的列表元素 A,而不包括方括号与单引号。也可以对任意列表元素使用 2.3.1 节中介绍的 lower() 函数来对输出的 A 的大小写进行格式调整,其语法如下所示。

```
letters = [
    'A', 'B', 'C', 'D', 'E', 'F', 'G', 'H', 'I', 'G', 'K', 'L', 'M', 'N', 'O', 'P',
    'Q', 'R', 'S', 'T', 'U', 'V', 'W', 'X', 'Y', 'Z'
]
print(letters[0].lower())
```

该示例将输出一个与前面相同、格式却为小写的结果:a。终端中的输出结果如下所示。

```
D:\python_learn \helloWorld>python letter.py
a

D:\python_learn \helloWorld>_
```

3.1.2 列表元素的索引——从 0 开始

在多数编程语言中,第 1 个列表元素的索引不是从 1 开始,而是从 0 开始的,Python 编程语言也不例外,这与列表执行索引操作的底层实现有关。因此,若要访问列表的特定元素,可将其在列表中的序列数减 1,再将结果作为索引。例如,若要访问第 7 个列表元素,可使用索引 6。下面尝试访问索引 1 与索引 6 处的元素,如果不执行减 1 操作,结果如下。

```
letters = [
    'A', 'B', 'C', 'D', 'E', 'F', 'G', 'H', 'I', 'G', 'K', 'L', 'M', 'N', 'O', 'P',
    'Q', 'R', 'S', 'T', 'U', 'V', 'W', 'X', 'Y', 'Z'
]

print(letters[1])
print(letters[6])
```

由下列终端中输出的结果可知,代码 print(letters[1]);print(letters[6]) 返回了列表中的第 2 个元素(B)与第 7 个元素(G):

```
D:\python_learn \helloWorld>python letter.py
B
G

D:\python_learn \helloWorld>_
```

Python 还提供了一种特殊的语法来访问列表中的最后一个元素,即通过将索引设置为 −1,来使 Python 返回列表中的最后一个元素。程序如下所示,这里代码 print(letters[−1]) 能够使 Python 返回列表 letters 中的最后一个元素。

```
letters = [
    'A', 'B', 'C', 'D', 'E', 'F', 'G', 'H', 'I', 'G', 'K', 'L', 'M', 'N', 'O', 'P',
    'Q', 'R', 'S', 'T', 'U', 'V', 'W', 'X', 'Y', 'Z'
]

print(letters[-1])
```

访问列表中最后一个元素的语法十分有用,因为经常需要在不了解列表长度的情况下访问其最后一个元素,这里通过该语法使代码 print(letters[−1]) 返回最后一个元素 Z。该约定也同样适用于其他负数索引,也就是说,索引 −2 能获取到倒数第 2 个列表元素,索引 −3 则能获取到倒数第 3 个元素,以此类推。

```
D:\python_learn \helloWorld>python letter.py
Z

D:\python_learn \helloWorld>_
```

3.1.3 获取并使用列表中的各个元素

下面尝试在列表中提取一个元素,并像使用其他变量一样使用该元素来创建一条信息,代码如下。

```
letters = [
    'A', 'B', 'C', 'D', 'E', 'F', 'G', 'H', 'I', 'G', 'K', 'L', 'M', 'N', 'O', 'P',
    'Q', 'R', 'S', 'T', 'U', 'V', 'W', 'X', 'Y', 'Z'
```

```
]
message = "My favorite letter is " + letters[-1] + "."
print(message)
```

使用 letters[-1] 的值来构成一个完整的句子,再将其储存于变量 message 内。运行程序后,终端中打印的完整句子为:"My favorite letter is Z",代码如下所示。

```
D:\python_learn \helloWorld>python letter.py
My favorite letter is Z.

D:\python_learn \helloWorld>_
```

3.2 对列表元素进行修改

列表的结构并不稳定,这就意味着列表中的元素可以随着程序运行而增加或删减,这一点与元组不同。

3.2.1 修改列表中的元素

与访问列表元素的语法类似,修改列表中的元素也需要提供列表名与要修改的元素所对应的索引号,然后再为该元素赋予一个新值。例如,英文字母表列表中,其第 1 个元素默认为 A,那么如何修改该元素呢? 示例如下。

```
letters = [
    'A','B','C','D','E','F','G','H','I','G','K','L','M','N','O','P',
    'Q','R','S','T','U','V','W','X','Y','Z'
]
print(letters)
print("-----------------------------------------------------")

letters[0] = 'B'
print(letters)
```

定义一个字母列表 letters,其中第 1 个元素默认为字母 A。接下来,将 A 替换为 B。如上述代码第 6 行所示,使用 print(letters) 打印初始的列表 letters。与访问列表元素的语法类似,先提供列表名与要修改的元素索引,再为其赋予新值,语法为 letters[0]= 'B',再次打印列表 letters,其终端中的执行结果如下所示。

```
D:\python_learn \helloWorld>python letter.py
['A', 'B', 'C', 'D', 'E', 'F', 'G', 'H', 'I', 'G', 'K', 'L', 'M', 'N', 'O', 'P', 'Q',
 'R', 'S', 'T', 'U', 'V', 'W', 'X', 'Y', 'Z']
-----------------------------------------------------
```

```
['B', 'B', 'C', 'D', 'E', 'F', 'G', 'H', 'I', 'G', 'K', 'L', 'M', 'N', 'O', 'P',
 'Q', 'R', 'S', 'T', 'U', 'V', 'W', 'X', 'Y', 'Z']

D:\python_learn\ helloWorld>_
```

不难发现,列表中的第 1 个元素 A 已经被修改为 B 了。

3.2.2 向列表中添加元素

为列表添加新的元素是一项重要的功能,例如,在数据可视化的任务中或 Web 开发中添加新的数据或添加新注册的用户信息,或者在游戏开发中增添新的人物。Python 提供了许多方法为已有列表添加新的元素。

1. 在列表末尾添加元素

在列表内添加元素的方法有很多,最简单的方法就是将元素添加至列表的末尾处。以 3.2.1 节的列表为例,在其末尾处再添加一个新的元素'Z'。Python 中的函数 append() 可以将新元素添加至列表末尾处,且不影响列表中的其余元素,其语法为 letters.append('Z'),其中,letters 为列表名,'Z'为待添加的元素值,代码如下所示。

```
letters = [
    'A', 'B', 'C', 'D', 'E', 'F', 'G', 'H', 'I', 'G', 'K', 'L', 'M', 'N', 'O', 'P',
    'Q', 'R', 'S', 'T', 'U', 'V', 'W', 'X', 'Y', 'Z'
]

print(letters)
print("-------------------------------------------------------------")

letters.append('Z')
print(letters)
```

```
D:\python_learn \helloWorld>python letter.py
['A', 'B', 'C', 'D', 'E', 'F', 'G', 'H', 'I', 'G', 'K', 'L', 'M', 'N', 'O', 'P', 'Q',
 'R', 'S', 'T', 'U', 'V', 'W', 'X', 'Y', 'Z']
-------------------------------------------------------------
['A', 'B', 'C', 'D', 'E', 'F', 'G', 'H', 'I', 'G', 'K', 'L', 'M', 'N', 'O', 'P', 'Q',
 'R', 'S', 'T', 'U', 'V', 'W', 'X', 'Y', 'Z', 'Z']

D:\python_learn \helloWorld>_
```

2. 在列表任意位置插入元素

函数 insert() 可以在列表的任意位置添加新的元素,为此,需要指定新元素的索引(添加位置)与要添加的值,示例代码如下所示。

```
letters = ['A', 'B', 'C']

letters.insert(0, 'D')
print(letters)
```

上述代码尝试将字母'D'插入列表 letters 开头,函数 insert()在索引 0 处(第 1 个元素处)添加了空间,并将值'D'存储在该处,完整的语法为:letters.insert(0,'D')。该操作能够将列表已有的其他元素统一往右移一位。在终端中输入命令:python letter.py,其运行结果为['D', 'A', 'B', 'C']。终端中显示的结果如下所示,不难发现使用函数 insert()后,已经成功将值'D'存储进列表 letters 的开头了。

```
D:\python_learn \helloWorld>python letter.py
['D', 'A', 'B', 'C']

D:\python_learn \helloWorld>_
```

3. 使用 append()动态地创建列表

函数 append()使动态地创建列表成为可能。下面先来创建一个空列表,再使用一系列 append()函数来持续为列表添加元素,示例代码如下所示。

```
letters = []

letters.append('A')
letters.append('B')
letters.append('C')
letters.append('D')
letters.append('E')
letters.append('F')
letters.append('G')
letters.append('H')
letters.append('I')
letters.append('G')
letters.append('K')
letters.append('L')
letters.append('M')
letters.append('N')
letters.append('O')
letters.append('P')
letters.append('Q')
letters.append('R')
letters.append('S')
letters.append('T')
letters.append('U')
letters.append('V')
letters.append('W')
letters.append('X')
letters.append('Y')
letters.append('Z')

print(letters)
```

在终端中运行上述程序,结果如下所示。

```
D:\python_learn \helloWorld>python letter.py
['A', 'B', 'C', 'D', 'E', 'F', 'G', 'H', 'I', 'G', 'K', 'L', 'M', 'N', 'O', 'P', 'Q',
 'R', 'S', 'T', 'U', 'V', 'W', 'X', 'Y', 'Z']

D:\python_learn \helloWorld>_
```

3.2.3 删除列表中的元素

Python编程语言除了支持在列表中添加新的元素,也支持从列表内删除任意数量的元素。例如,在数据可视化的任务中或Web开发中注销数据或从活跃用户列表中移除用户。

1. 使用语句del移除列表中的元素

若知道要删除元素在列表内的位置,可采用语句del,语法为del 列表名[索引号],示例代码如下所示。

```
letters = ['A', 'B', 'C', 'D']
print(letters)

del letters[3]
print(letters)
```

上述程序先使用print语句打印列表letters,再在第4行使用del语句剔除列表letters中的第4个元素——'D',其在终端中的执行结果如下所示。

```
D:\python_learn \helloWorld>python letter.py
['A', 'B', 'C', 'D']
['A', 'B', 'C']

D:\python_learn\helloWorld>_
```

不难观察,程序已经成功将列表letters中的最后一个元素剔除出列表letters了。由此可知,使用del可删除任意位置的列表元素。

此外,使用语句del剔除的值,将永远无法被再次访问。

2. 使用语句pop()删除列表中的元素

有时候,用户既需要将元素从列表内剔除,又需要继续使用被剔除的元素的值。例如,在Web开发中,有时不仅需要将特定用户从活跃用户列表中剔除,而且需要将剔除的用户再添加进非活跃用户列表中。pop()函数可以满足该需求,被其剔除出列表的元素,依旧支持再次被访问,并支持继续调用该元素的值。pop()函数用于移除列表中的一个元素,并且支持返回该元素的值。

列表就类似一个栈,所剔除的列表末尾的元素相当于弹出栈顶元素。下面尝试使用pop()函数弹出一个元素,再打印出该弹出元素的值,示例代码如下所示。

```
letters = ['A', 'B', 'C', 'D']
print(letters)
```

```
popped_letters = letters.pop()
print(letters)
print(popped_letters)
```

首先，定义列表 letters 打印。然后，采用 pop()函数默认从列表 letters 中弹出最后一个元素的值'D'，并将该值存储在变量 popped_letters 中。再次打印该列表，以证实已经从列表 letters 中成功剔除了一个值。最后，打印通过 pop()函数弹出的元素的值 popped_letters，以证实剔除的值依然可供访问。

下列终端输出表明，列表 letters 末尾处的值'D'已经被剔除了，且被存储于变量 popped_letters 内，以供使用。

```
D:\python_learn \helloWorld>python letter.py
['A', 'B', 'C', 'D']
['A', 'B', 'C']
D

D:\python_learn\helloWorld>_
```

pop()函数通常的工作原理是怎样的呢？通过前面的实验可以观察到，pop 函数默认剔除最后一个元素'D'，而并非第 1 个元素'A'。基于此，可使用函数 pop()打印一条信息"The last element in the list is：D"，指向列表 letters 中最后一个元素，详见下列代码。

```
letters = ['A', 'B', 'C', 'D']

last_letter = letters.pop()
message = "The last element in the list is : " + last_letter.title() + "."
print(message)
```

"The last element in the list is：" + last_letter.title() + "."中，使用本书 2.3.2 节中介绍的加法拼接运算，将一段字符串与 pop 函数弹出的值构建为一个简单句。

```
D:\python_learn \helloWorld>python letter.py
The last element in the list is : D

D:\python_learn\helloWorld>_
```

3. 使用 pop 函数弹出列表中任意位置的元素

基于前面的结论，pop()函数通常默认剔除列表中最后一个元素。那么，有没有方法剔除第 1 个元素呢？答案是有的。可使用函数 pop()来剔除列表内任意位置的元素，仅需在()括号内指定一个索引，就可以剔除索引指向的特定位置的元素。

```
letters = ['A', 'B', 'C', 'D']

last_letter = letters.pop(0)
message = "The first element in the list is : " + last_letter.title() + "."
print(message)
```

通过在 pop 函数的括号内()添加指针索引，例如 0，来剔除索引指向的第 1 个列表元素，然后打印一条信息，输出一个简单句，描述列表中的第 1 个元素为 A，终端中的输出结果如下所示。

```
D:\python_learn \helloWorld>python letter.py
The first element in the list is : A.

D:\python_learn\helloWorld>_
```

如果不确定应该使用 pop()函数还是 del 函数，下面是一个简单的判别标准：如果要从列表中彻底剔除一个元素，并且不再以任何方式使用它，就可以使用 del 语句；如果在剔除元素后还希望继续使用它，就可以使用 pop()。

4．基于值剔除元素

还有一种概率，就是不知道从列表中要剔除的值的所处位置，但却知道要剔除的元素的元素值。这种情况可以使用 remove()函数。下面尝试从列表 letters 中剔除元素 B，其代码如下所示。

```
letters = ['A', 'B', 'C', 'D']
print(letters)

letters.remove('B')
print(letters)
```

remove()函数使 Python 解析器可以确定列表中为 B 的元素值所处的位置，并将该元素剔除出列表。

```
D:\python_learn \helloWorld>python letter.py
['A', 'B', 'C', 'D']
['A', 'C', 'D']

D:\python_learn\helloWorld>_
```

remove()函数也支持继续使用从列表中剔除的元素。下面示例将使用由 remove()函数所剔除的元素 B 来打印出一条信息，并指出弹出的列表元素。

```
letters = ['A', 'B', 'C', 'D']
print(letters)

remove_element = 'C'
letters.remove(remove_element)
print(letters)
message = "\nThe removed list element is: " + remove_element + "."
print(message)
```

在定义 letters 列表后，首先，将其元素 C 存储在变量 remove_element 中；然后，再使用 remove()函数将存储在 remove_element 中的元素 C，从列表 letters 内剔除；最后，再次打印列表 letters 确认元素 C 已经被剔除出列表 letters。鉴于 Python 允许继续使用被

remove()剔除的列表元素,因此可以使用已经被剔除的列表元素(现储存在变量 remove_element 中)来打印一句话,指出被移除的列表元素,其结果在终端中如下所示。

```
D:\python_learn \helloWorld>python letter.py
['A', 'B', 'C', 'D']
['A', 'B', 'D']

The removed list element is: C.

D:\python_learn \helloWorld>_
```

注意:remove()函数仅能剔除第 1 个指定的值,若要剔除的值在列表中多次出现,就需要使用 for 循环语句 + if 语句,来判定是否剔除了所有类似的值。在后面第 4 章与第 5 章将分别学习具体的方法。

3.3 组织列表

项目中所创建的列表,其元素的排列顺序往往是很难预测的。例如,用户注册时所提供的个人数据的顺序是不可控的。这在实际任务中都很难避免,但有些特定任务需要保留列表元素起初的排列顺序,而特定任务又可能需要调整元素的排列顺序。为此,Python 提供了组织列表元素的方法,可依据具体的需求灵活选用。

3.3.1 对列表中的元素进行排序

Python 提供了许多方法为既有列表组织其元素排序,例如,sort()函数支持对列表进行排序。下面创建一个名为 listSort.py 的 Python 文件,并使用函数 sort()为该列表排序。

```
D:\python_learn \helloWorld>touch listSort.py
```

双击 listSort.py 文件,并在 listSort.py 文件中添加以下代码。

```
listSort = ['E', 'D', 'C', 'B', 'A']
listSort.sort()
print(listSort)
```

sort()函数可以永久地修改列表元素的排列顺序,因此原本倒序的列表被按照字母顺序重新排列,详见下面结果。

```
D:\python_learn \helloWorld>python listSort.py
['A', 'B', 'C', 'D', 'E']

D:\python_learn \helloWorld>_
```

3.3.2 列表临时排序

若要保留列表中元素原始的排序,同时以特定顺序来呈现它们,就可以利用 sorted()函数了。sorted()函数支持按照特定顺序来显示列表内的元素,同时不影响它们在列表内的初始排序。

下面尝试使用sorted()函数临时调整列表顺序,修改Python文件listSort.py,修改内容与sorted()的语法详见下面的程序。

```python
listSort = ['E', 'D', 'C', 'B', 'A']
message = "Here is the original list: "

print(message)
print(listSort)

print("Here is the sorted list: ")
print(sorted(listSort))

print(message)
print(listSort)
```

首先,打印列表listSort(详见上述代码第5行),再按字母正序调整该列表(见上述代码第8行)。通过sorted()以字母正序调整列表之后,再进行核实,以确认列表元素的排序与之前相同(详见第11行)。

```
D:\python_learn \helloWorld>python listSort.py
Here is the original list:
['E', 'D', 'C', 'B', 'A']
Here is the sorted list:
['A', 'B', 'C', 'D', 'E']
Here is the original list:
['E', 'D', 'C', 'B', 'A']    ①

D:\python_learn \helloWorld>_
```

注意:调用sorted()方法,对列表进行排序后,再次打印列表元素,发现列表元素的排列顺序并没有实质性变化(详见输出结果①)。此外,若要以倒序调整该列表,可向sorted()函数的小括号内传递参数:reverse=True。

注意:在并非所有元素值均为小写时,依照字母顺序排列列表则要更复杂些。而且,在确定元素的排列顺序时,有多种解读大写字母的方式,因此如果要指定准确的元素排列顺序,可能比这里所要做得更复杂些。然而,多数的元素排序方式都基于本节介绍的内容。

3.3.3 反转列表排序

reverse()函数可以用来反转列表元素的排序,示例代码如下所示。

```python
listSort = ['E', 'D', 'C', 'B', 'A']
print(listSort)

listSort.reverse()
print(listSort)
```

上述代码的运行结果如下所示，listSort.reverse()将列表中的元素['E'，'D'，'C'，'B'，'A']反转为['A'，'B'，'C'，'D'，'E']。

```
D:\python_learn \helloWorld>python listSort.py
['E', 'D', 'C', 'B', 'A']
['A', 'B', 'C', 'D', 'E']

D:\python_learn \helloWorld>_
```

但是，reverse()函数仅能将列表元素的排列顺序反转，不能以字母顺序相反的元素顺序来组织列表。再来看一组示例代码。

```
listSort = ['D', 'E', 'A', 'C', 'B']
print(listSort)

listSort.reverse()
print(listSort)
```

```
D:\python_learn \helloWorld>python listSort.py
['D', 'E', 'A', 'C', 'B']
['B', 'C', 'A', 'E', 'D']

D:\python_learn \helloWorld>_
```

注意：reverse()函数可以永久地改变列表元素的排序，若要调整回初始的列表元素排列顺序，仅需要再次对列表执行reverse()函数，即可恢复列表原始的排列顺序。

3.3.4 确认列表长度

有时在特定任务中需要快速获悉列表的长度，这就需要用到len()方法，示例代码如下所示。

```
listSort = ['D', 'E', 'A', 'C', 'B']
len(listSort)
print(len(listSort))
```

上述代码的运行结果如下所示，其在终端中显示出列表中的元素长度（个数）为5。

```
D:\python_learn \helloWorld>python listSort.py
5

D:\python_learn \helloWorld>_
```

注意：这里值得强调的是Python在计算列表长度（元素数）时从1开始，而不是从0开始，故使用函数len()确认列表的长度时，不会出现差1的问题。

3.4 避免索引错误

刚开始接触 Python 的列表时，执行程序的过程中会不可避免地触发一些报错，其中就包含索引错误。假设有一个包含 4 个元素的列表，要提取该列表中的最后一个元素，将其索引写为 4，如以下示例代码所示。

```
CADSoftware = ['FreeCAD', 'Blender', 'MeshLab', 'enGrid']
print(CADSoftware[4])
```

执行上述代码的过程中，触发了索引错误，报错信息如下所示。

```
D:\python_learn \helloWorld>python indexError.py
Traceback <most recent call last>:
  File "indexError.py", line 2, in <module>
    print<CADSoftware [4]>
IndexError: list index out of range

D:\python_learn \helloWorld>_
```

Python 会尝试获取位于索引 4 处的元素，但其遍历列表中所有的元素，都无法获取到。这是因为列表索引具有差 1 的特性，即索引号是从 0 开始计数的，索引 0 对应列表中的第 1 个元素。因此在该示例中，第 4 个元素对应的索引号为 3。索引错误通常表明 Python 难以理解所提供的索引。当终端中提示索引错误，即"IndexError: list index out of range"时，可尝试将指定的索引减 1，然后尝试再次执行程序。

可使用索引-1 来访问最后一个列表元素，且即便列表长度发生变化，Python 解析器也可以通过该索引获取到列表中的最后一个元素。

```
CADSoftware = ['FreeCAD', 'Blender', 'MeshLab', 'enGrid']
print(CADSoftware[-1])
```

索引-1 通常能够返回列表的最后一个元素，如下列代码所示。

```
D:\python_learn \helloWorld>python indexError.py
enGrid

D:\python_learn \helloWorld>_
```

当然索引-1 也有其局限，那就是当且仅当列表为空时，这种访问方式会导致错误出现，示例代码如下所示。

```
CADSoftware = []
print(CADSoftware[-1])
```

鉴于列表 CADSoftware 为空，即列表中不包含任何元素，因此 print(CADSoftware[-1])

获取不到任何值。执行上述代码，Python 解析器在返回索引时触发错误，其报错信息如下所示。

```
D:\python_learn \helloWorld>python indexError.py
Traceback <most recent call last>:
  File "indexError.py", line 2, in <module>
    print<CADSoftware[-1]>
IndexError: list index out of range

D:\python_learn \helloWorld>_
```

注意：当终端中显示出索引错误但找不出原因时，可采用本章 3.3.4 节中介绍的函数 len() 来获取列表的长度，因为程序有可能在对列表进行动态处理时改变了列表的长度。通过查看列表所包含的元素个数，可有效地找出其中的逻辑疏漏。

3.5 本章小结

本章介绍了 Python 中列表的相关操作。在下一章中，本书将继续介绍怎样以更加高效的方式来处理列表中的元素。例如，通过 for 循环遍历列表中的元素，从而更加高效地处理列表，不论其中包含多少个元素。

3.6 习题[①]

1. 数字。创建一个数字列表，将其命名为 numbers，并将自然数 1～9 存储其中，依次访问列表 numbers 内的元素，并将它们依次打印出来。

2. 一段话。使用本章习题 1 的列表 numbers，在每个元素的基础上打印一段话，内容为 "My favorite number is **."，**这里指代获取到的列表元素。

3. 一个列表。创建一个科幻电影的列表，并打印一段话 "My favorite science fiction movie is **."。

4. 邀请函。使用本章学习到的函数编写一个邀请函，创建一个包含你最喜欢的艺术家的名单列表（至少 3 位）；打印一条信息，邀请他们出席艺术展。

5. 修改嘉宾名单。基于本章习题 4 中创建的列表，删减其中一位嘉宾，并另外邀请一位新嘉宾。

(1) 在习题 4 程序结尾处添加一个 print 语句，内容为："** cannot attend the art exhibition."。

(2) 修改嘉宾列表，将删减的嘉宾替换为新邀请的嘉宾。

(3) 再打印一条信息，再次向每一位嘉宾发出邀请。

6. 增添嘉宾。基于习题 5 的程序，新增 3 个邀请名额，对嘉宾列表进行更新。

(1) 以习题 4 与习题 5 所编写的程序为基础，在程序末尾处都添加一个 print 语句，指

[①] **注意**：从本章起，请为随后每一章的习题创建文件夹，以有序管理代码文件。

出可以再邀请 3 位嘉宾。

（2）使用 insert() 函数将第 1 位新邀请的嘉宾添加至名单开头。

（3）使用 insert() 函数将第 2 位新的嘉宾添加进名单。

（4）使用 append() 函数将第 3 位嘉宾添加至名单的末尾。

（5）打印一条信息，向名单内的每一位嘉宾发出邀请。

7. 缩减嘉宾名单。受限于活动预算，仅有两个邀请名额，对嘉宾列表进行更新。

（1）基于习题 6，于程序末尾处打印一条信息，指出仅能邀请两位嘉宾出席艺术展。

（2）利用 pop() 函数持续不断地剔除名单列表中的嘉宾，直至仅剩两位嘉宾为止。并且在每次剔除一位嘉宾后，都打印一条信息，向嘉宾表达歉意，表明无法邀请他们出席艺术展。

（3）对于两位仅存在列表名单中的嘉宾，逐一打印信息，告知其在受邀之列。

（4）使用 del 函数将名单列表中仅存的两位嘉宾剔除，使得列表名单为空。打印该名单，并核实在程序结束时名单列表确实已经被清空了。

8. 组织列表。列举出 6 家科技公司。

（1）将这些科技公司作为元素组成一个列表，并确保它们不是按照字母正序排列。

（2）使用 print() 函数打印该列表。

（3）使用 sorted() 函数按字母顺序打印该列表，同时不要修改它。

（4）再次使用 sorted() 函数按字母倒序打印该列表，同时不要修改它。

（5）使用 print() 函数再次打印该列表，确保元素排列顺序不变。

（6）使用 reverse() 函数修改列表元素的排序，打印该列表，以确保排序确实被改变了。

（7）使用 reverse() 函数再次修改列表元素的排序，再次打印该列表，以确保恢复到初始的排序。

（8）使用 sort() 函数修改该列表，使其元素可以按照字母的正序排列，打印该列表，以确保排序确实被改变了。

（9）使用 sort() 函数再次修改该列表，使列表元素按照与字母排序相反的顺序来排列。

9. 字母数量。使用 len() 函数统计 26 个英文字母，再使用 print() 函数打印一条信息，指出字母的数量，看是否为 26 个。

10. 综合练习。自建一个列表，并编写一个程序。然后，使用本章所介绍的每个函数来处理该列表至少一次。

11. 故意触发错误。在之前写好的一个程序中，故意修改其索引，以触发错误"IndexError: list index out of range"。然后，再来排除该错误。

第 4 章 高效操作列表中的元素

第 3 章中已经介绍了怎样创建列表以及怎样对列表中的元素进行操作。本章将进一步介绍遍历列表的操作，且适用于不同长度的列表。

4.1 使用 for 循环遍历列表

不仅在 Python 中，for 循环在许多编程语言中都被用来对列表中的每一个元素执行相同操作。事实上，遍历列表内的每一个元素，并对列表内的每一个元素都执行相同操作是非常实用的。例如，在数据处理的任务中，就可能需要对每一个列表元素执行相同的统计运算；游戏开发中，也有可能要将界面元素移动相同的距离等。

下面给出包含一系列著名的艺术家的名单列表，假设需要打印出该列表中每一位艺术家的名字，使用之前学习的方法可能会导致诸多问题。因为列表中所包含的艺术家数量庞大，还在不断变化，随着新艺术家的不断涌现，程序可能会包含大量重复的代码。Python 处理这类问题为用户提供了 for 循环语句，接下来，使用 for 循环打印该列表中的每一个元素，示例代码如下所示。

```
artist_list = ["Paul Cézanne", "Picasso", "Leonardo da Vinci", "Henri Matisse"]
for artists in artist_list:
    print(artists)
```

上述代码在第 1 行定义了一个名为 artist_list 的列表，在程序第 2 行使用了一个 for 循环语句，从列表中逐一提取出每个列表元素，并依次储存在变量 artists 中，程序第 3 行的代码用于打印每一次循环所提取的列表元素。该列表中共有 4 个元素，因此 for 循环被执行 4 次，每次都会打印本轮循环所提取的元素，终端中显示的结果如下所示。

```
D:\python_learn \helloWorld>python famous_artists.py
Paul Cézanne
Picasso
Leonardo da Vinci
Henri Matisse

D:\python_learn \helloWorld>_
```

4.1.1 for 循环的工作过程

循环在编程中很常见，它是令计算机自动执行重复操作的重要方式之一。上述示例程序中使用的 for 循环，就是其中的一种。下面详细剖析其工作过程，示例程序首先通过 for 循环获取第 1 行代码，即 artist_list = ["Paul Cézanne"，"Picasso"，"Leonardo da Vinci"，"Henri Matisse"]，并提取到 artist_list 列表中的第一个元素"Paul Cézanne"，再将其存储在变量 artists 中。

```
for artists in artist_list:
```

接下来，程序会读取下一行代码，即 print(artists)，这行代码让 Python 解析器打印变量 artists 的值——"Paul Cézanne"。

```
print(artists)
```

然后，for 循环会再返回代码第 1 行，并获取列表 artist_list 中的第二个元素"Picasso"，并再次将其储存在变量 artists 中。

```
for artists in artist_list:
```

```
print(artists)
```

执行 print(artists)后，打印变量 artists 刚获取的值——"Picasso"。鉴于列表 artist_list 中还有未获取的元素，Python 会再次执行整个 for 循环语句，对列表中后续的元素值进行处理，直至列表中再无任何元素值，退出 for 循环并结束程序。

不论列表所包含的元素数量有多少，for 循环都对列表内的每个元素执行指定的步骤。此外，在编写 for 循环时，对用于存储列表中每个值的临时变量，可指定任意名称，但最好在指定名称时选择更具描述性的名称。

4.1.2　for 循环中的更多操作

在 for 循环中，可以对每个元素执行任何操作。依旧使用前面声明的列表 artist_list，并对每一位艺术家均输出一条信息，代码如下所示。

```
artist_list = ["Paul Cézanne", "Picasso", "Leonardo da Vinci", "Henri Matisse"]
for artists in artist_list:
    print(artists.title() + " is one of the greatest artists.")
```

与前面的 for 循环示例不同，上述示例均以每一位艺术家的名字作为其抬头。打印一条信息，for 循环第一次迭代，其变量 artists 的值为"Paul Cézanne"，因此终端中所输出消息的抬头为"Paul Cézanne"。第二次迭代其抬头为"Picasso"，以此类推，其在终端中输出的结果如下所示。

```
D:\python_learn \helloWorld>touch name.py

D:\python_learn \helloWorld>python fanous_artists.py
Paul Cézanne is one of the greatest artists.
```

```
Picasso is one of the greatest artists.
Leonardo Da Vinci is one of the greatest artists.
Henri Matisse is one of the greatest artists.

D:\python_learn \helloWorld>_
```

　　for 循环中可包含任意数量的代码，上述示例代码行"for artists in artist_list:"之后，每句有缩进的代码块都是 for 循环将要执行的一部分，因此可对列表 artist_list 中的每个元素值均执行任意次操作。再在 for 循环后添加一行代码块，print("He created many great works, " + artists.title() + ".\n")，用以打印一句字符串信息。

```
artist_list = ["Paul Cézanne", "Picasso", "Leonardo da Vinci", "Henri Matisse"]
for artists in artist_list:
    print(artists.title() + " is one of the greatest artists.")
    print("He created many great works, " + artists.title() + ".\n")
```

　　上述代码末尾的换行符".\n"在每次迭代结束后均插入一个空行，终端中打印的结果如下所示。

```
D:\python_learn \helloWorld>python famous_artists.py
Paul Cézanne is one of the greatest artists.
He created many great works, Paul Cézanne.

Picasso is one of the greatest artists.
He created many great works, Picasso.

Leonardo Da Vinci is one of the greatest artists.
He created many great works, Leonardo Da Vinci.

Henri Matisse is one of the greatest artists.
He created many great works, Henri Matisse.

D:\python_learn \helloWorld>_
```

　　for 循环可对列表中的每个元素都执行不同的操作，这是因为 for 循环后可包含任意行缩进的代码。

4.1.3　for 循环后执行操作

　　for 循环结束后，有时候仍需接着执行程序尚未完成的其余任务。但值得强调的是，for 循环语句之后，未曾缩进的代码都仅执行一次。接下来，在打印给每位艺术家的消息后，再打印一条信息。为此，需要将相应的代码放在 for 循环后面且不缩进，示例代码如下所示。

```
artist_list = ["Paul Cézanne", "Picasso", "Leonardo da Vinci", "Henri Matisse"]
for artists in artist_list:
    print(artists.title() + " is one of the greatest artists.")
    print("He created many great works, " + artists.title() + ".\n")
```

```
    print("Thank you for your contributions!")
```

由下列终端中输出的结果不难发现，for 循环中缩进的两条 print 语句被重复执行，而没有缩进的语句仅被执行了一次。

```
D:\python_learn \helloWorld>python famous_artists.py
Paul Cézanne is one of the greatest artists.
He created many great works, Paul Cézanne.

Picasso is one of the greatest artists.
He created many great works, Picasso.

Leonardo Da Vinci is one of the greatest artists.
He created many great works, Leonardo Da Vinci.

Henri Matisse is one of the greatest artists.
He created many great works, Henri Matisse.

Thank you for your contributions!

D:\python_learn \helloWorld>_
```

4.2 避免缩进错误

Python 解析器通常依据代码块缩进的情况来判定后一行代码与前一行代码的关系。如前面的示例代码所示，缩进的语句为 for 循环的一部分，而 Python 也通过缩进来使代码更加清晰、易读。在一个大型 Python 项目中，缩进程度不同的代码块非常常见，这就要求读者对程序的组织结构要有大致的了解。

当初学者尝试开始编辑具备正确缩进的代码时，更需要留意代码的缩进错误。经验丰富的程序员有时也会在不经意间将不需要缩进的代码缩进，而忘记对需要缩进的代码块进行缩进，这在使用 TXT 文本编辑器编写程序时更加常见。通过了解因忘记缩进而在终端中触发的报错信息，有助于初学者今后在编辑程序时避免因缩进错误而引发问题，以及了解当终端中出现类似报错时该如何处置。

4.2.1 因缩进问题报错

对位于 for 循环之后且属于循环组成部分的代码，一旦忘记缩进，将在终端中显示以下错误。

```
artist_list = ["Paul Cézanne", "Picasso", "Leonardo da Vinci", "Henri Matisse"]
for artists in artist_list:

print(artists.title() + " is one of the greatest artists.")
```

作为 for 循环组成部分的 print 语句，应在格式上缩进，却未按要求缩进时，Python 会在终端中输出一条 IndentationError，以便让开发者获悉哪行代码存在问题。

```
D:\python_learn \helloWorld>python famous_artists.py
  File "famous_artists.py", line 4
    print(artists.title() + " is one of the greatest artists.")
IndentationError: expected an indented block

D:\python_learn\helloWorld>_
```

当遇到报错"IndentationError: expected an indented block"时，仅需将紧跟在 for 循环之后的代码缩进，就可排除 IndentationError 缩进错误。

4.2.2 额外代码行报错

当在 for 循环内试图执行多项任务时，如果忘记缩进其中的一些代码块，终端中也会显示报错。例如，未缩进本同属 for 循环的第 2 行打印代码块"print("He created many great works, " + artists.title() + ".\n")"，如下列示例代码所示。

```
artist_list = ["Paul Cézanne", "Picasso", "Leonardo da Vinci", "Henri Matisse"]
for artists in artist_list:
    print(artists.title() + " is one of the greatest artists.")
print("He created many great works, " + artists.title() + ".\n")
```

第 4 行代码本来需要被缩进，但由于 for 循环后第 1 行的代码块被缩进了，因此终端中并没有报 IndentationError 错误，最终导致了一个逻辑错误，即仅有最后一位艺术家 Henri Matisse 收到了消息："He created many great works，Henri Matisse."。

```
D:\python_learn \helloWorld>python famous_artists.py
Paul Cézanne is one of the greatest artists.
Picasso is one of the greatest artists.
Leonardo Da Vinci is one of the greatest artists.
Henri Matisse is one of the greatest artists.
He created many great works, Henri Matisse.

D:\python_learn\helloWorld>_
```

以上结果构成了一个逻辑错误。单纯从 Python 语法上讲，代码是正确的，但输出的结果并不符合预期。如果预期的操作是针对列表内的每一个元素均执行一次，但其仅在最后被执行了一次，则可检查是否需要将 for 循环内的相关代码块进行缩进。

4.2.3 不必要的缩进

1. for 循环外

若缩进了本无须缩进的代码块，也会出现报错，如下列示例代码所示。

```
message = "Hello Python World!!"
    print(message)
```

print(message)本无须缩进,因为其并不属于前面一句代码的一部分。意外缩进后,Python 将在终端中显示如下报错"IndentationError:unexpected indent"。

```
D:\python_learn \helloWorld>python famous_artists.py
  File "famous_artists.py", line 2
    print(message)
IndentationError: unexpected indent

D:\python_learn\helloWorld>_
```

2. for 循环内

如果意外缩进了本应在 for 循环结束之后执行的代码,这句代码将对列表中的元素重复执行。如果意外缩进导致语法问题,还容易引发终端中的报错,如下列示例代码所示。

```
artist_list = ["Paul Cézanne", "Picasso", "Leonardo da Vinci", "Henri Matisse"]
for artists in artist_list:
    print(artists.title() + " is one of the greatest artists.")
    print("He created many great works, " + artists.title() + ".\n")

    print("Thank you for your contributions!")
```

由于代码块"print("Thank you for your contributions!")"被意外缩进而导致了语法错误,终端中显示的报错信息如下所示。

```
D:\python_learn \helloWorld>python famous_artists.py
  File "famous_artists.py", line 6
    print("Thank you everyone, that was a great magic show!")
IndentationError: unexpected indent

D:\python_learn\helloWorld>_
```

4.2.4 符号丢失

for 循环末尾处的冒号非常重要,其被用于告知 Python 接下来的循环行为的起始行的所在处。

```
artist_list = ["Paul Cézanne", "Picasso", "Leonardo da Vinci", "Henri Matisse"]
for artists in artist_list
    print(artists.title() + " is one of the greatest artists.")
    print("He created many great works, " + artists.title() + ".\n")
```

在上述程序中,"for artists in artist_list"后的冒号丢失了,在运行该程序时就会导致语法错误。这类错误易于排除,但并不容易被发现,特点是在体量庞大的项目中。其报错信息如下所示。

```
D:\python_learn \helloWorld>python famous_artists.py
  File "famous_artists.py", line 2
```

```
    for artists in artist_list
SyntaxError: invalid syntax

D:\python_learn \helloWorld>_
```

4.3 创建并处理数字列表

Python 中需要储存、处理数字列表的任务有很多。在数据处理相关的任务中，待处理的数据几乎都是由数字构成的集合，例如，距离、温度、湿度、降水、病毒传染率、数量、区位坐标等。而在游戏开发中，追踪游戏角色的坐标位置、记录游戏玩家不同阶段的分值这类的任务，通常也十分常见。

列表极其适用于储存数字构成的集合。此外，Python 也提供了许多工具，用以辅助开发者高效地处理由数字构建的列表。在了解如何使用这些 Python 所提供的工具之后，即使要处理的数字列表所包含的元素数值庞大，所编写的代码依旧能够稳定地工作。

4.3.1 range()函数

Python 中的 range()函数支持轻而易举地生成系列数字，可参照下列示例代码所示的方式，使用 range()函数打印出一系列数字。

```
for value in range(0, 9):
    print(value)
```

上述代码区间范围为 0～9，但是执行该程序后，其实际结果并不能打印出数字 9，仅能打印出数字 0～8。

```
D:\python_learn \helloWorld>python numbers.py
0
1
2
3
4
5
6
7
8

D:\python_learn \helloWorld>_
```

这是因为 range()函数从指针指定区间中的第 1 个值开始运算，并在指针到达指定区间中的倒数第 2 个值停止，因此无法输出区间中的最后 1 个值（这里是数字 9）。如果要打印数字 0～9，则需要使用 range(0, 10)。

```
for value in range(0, 10):
    print(value)
```

```
D:\python_learn \helloWorld>python numbers.py
0
1
2
3
4
5
6
7
8
9

D:\python_learn \helloWorld>_
```

因此,在使用函数 range()时,若输出不符合预期的话,可以尝试将指定的值加减 1。

4.3.2 创建数字列表

如果要创建数字列表,除了需要用到 range()函数外,还需要借助 list()函数将 range()的结果转换为数字列表。仅需要将 range()函数作为函数 list()的参数,即可输出一个数字列表,具体编写代码如下所示。

```
value = list(range(0, 10))
print(value)
```

在终端中输出的结果如下所示。

```
D:\python_learn \helloWorld>python numbers.py
[0, 1, 2, 3, 4, 5, 6, 7, 8, 9]

D:\python_learn \helloWorld>_
```

此外,函数 range()的参数除了可以界定数字的区间范围外,其第三个参数还可以设置步幅,如下列示例代码所示。

```
value = list(range(3, 13, 2))
print(value)
```

该示例中,range()函数从 3 开始计数,然后不断地加 2(步幅为 2),直至终值 13,因此在终端中的输出结果如下所示。

```
D:\python_learn \helloWorld>python odd_numbers.py
[3, 5, 7, 9, 11]

D:\python_learn \helloWorld>_
```

通过调用 range()几乎可以构建任意的数字集合,那么,该如何构建一个包含前 10 个整数(1~10)的平方的列表呢?Python 中,符合**可用以表示乘方运算。例如,**2 就是平方;**3 就是立方。接下来,将 10 个整数的乘方添加进一个数字列表内,如下列代码所示。

```
squares = []
for value in range(1, 11):
    square = value**2
    squares.append(square)

print(squares)
```

首先,创建一个名为 squares 的空列表;然后,在 for 循环中嵌套 range()函数,使 Python 能够从数字 1 遍历到 10,通过使用**2 来计算每一步所获取的 value 值的平方,并将计算结果存储在变量 square 中;最后,使用 append()函数将 square 变量添加进列表 squares 中,执行该程序,其在终端中的输出结果如下所示。

```
D:\python_learn \helloWorld>python squares.py
[1, 4, 9, 16, 25, 36, 49, 64, 81, 100]

D:\python_learn \helloWorld>_
```

当然,前面的示例程序也可以不使用临时变量 square,而是将每个平方运算所得到的值直接添加至列表末尾,可以简写为如下代码。

```
squares = []
for value in range(1, 11):
    squares.append(value**2)

print(squares)
```

4.3.3 统计计算

Python 中,有几个函数专门可被用于处理数字列表,可使用它们来获取列表中的最小值、最大值与列表总数,如下所示。

```
List = [0, 1, 2, 3, 4, 5, 6]
print(min(List))
print(max(List))
print(sum(List))
```

```
D:\python_learn\helloWorld>python deal_List.py
0
6
21

D:\python_learn \helloWorld>_
```

4.3.4 列表解析

4.3.2 节中介绍的 range()函数需要使用 2~3 行代码生成数字列表,而列表解析仅编写

1 行代码就可生成类似的列表。列表解析能够有效地将 for 循环与创建新元素的代码合并为 1 行，并自动地附加新的元素。下面使用列表解析来创建前面 4.3.2 节创建过的 squares 列表。

```
squares = [value**2 for value in range(1, 11)]
print(squares)
```

列表解析的编写过程中，需要先声明一个具备描述性的列表名，在上列程序中就是 squares。接下来，输入一对方括号，并编写一段表达式，用来生成希望储存进列表 squares 内的值。本示例中的表达式为 value**2，用来计算值 value 的平方。然后，编写一个 for 循环，为表达式持续提供值，直至触及边界值 11。完整的写法为 value**2 for value in range(1, 11)，它将数字 1~10 依次提供给 value，用以作平方。注意，列表解析里的 for 循环末尾无冒号，这点要与 for 循环语句区分。运行该程序，其在终端中输出的列表与前面没有差别。

```
D:\python_learn\helloWorld>python squares.py
[1, 4, 9, 16, 25, 36, 49, 64, 81, 100]

D:\python_learn\helloWorld>_
```

4.4 使用部分列表

第 3 章中已经介绍了访问单个列表元素的方法，本章主要介绍处理列表中所有元素的方法，这其中就包括接下来要介绍的处理列表中部分元素的方法——切片。

4.4.1 Python 切片

创建 Python 切片，需指定第一个元素和最后一个元素的索引。与 range() 函数类似，Python 在抵达索引所指定的倒数第二个索引处的元素时终止。因此，如果要输出列表内的前三个元素，需指定索引 0~3，其输出分别为 0、1、2。来看一组 Python 切片的示例。

```
scientist = ['Confucius', 'Aristotle', 'Euclid', 'Isaac Newton']
print(scientist[0: 3])
```

代码 scientist[0: 3] 能够打印列表 scientist 的一段切片，其中仅包含 3 位科学家。且终端中的输出也是一个列表，3 位科学家就是该列表的元素。

```
D:\python_learn\helloWorld>python scientist.py
['Confucius', 'Aristotle','Euclid']

D:\python_learn\helloWorld>_
```

可提取列表中的任意元素，以生成列表的任意子集。例如，可以将起始索引指定为数字 1，从而获取到列表的第 2~4 个元素，如下列代码所示。

```
scientist = ['Confucius', 'Aristotle', 'Euclid', 'Isaac Newton']
print(scientist[1: 4])
```

```
D:\python_learn \helloWorld>python scientist.py
['Aristotle', 'Euclid', 'Isaac Newton']

D:\python_learn \helloWorld>_
```

此外,如果没有指定第一个索引,Python 会默认从列表开头开始取值。

```
scientist = ['Confucius', 'Aristotle', 'Euclid', 'Isaac Newton']
print(scientist[: 4])
```

```
D:\python_learn \helloWorld>python scientist.py
['Confucius', 'Aristotle', 'Euclid', 'Isaac Newton']

D:\python_learn \helloWorld>_
```

同理,如果希望切片终止于列表的末尾处,可采取与前面类似的语法。例如,若要提取从第 3 个元素至列表末尾的所有元素,可将起始索引设置为 2,最重要的是忽略终止索引,如下列代码语法所示。

```
scientist = ['Confucius', 'Aristotle', 'Euclid', 'Isaac Newton']
print(scientist[2:])
```

```
D:\python_learn \helloWorld>python scientist.py
['Euclid', 'Isaac Newton']

D:\python_learn \helloWorld>_
```

不论列表包含多少元素,语法"[起始元素索引:]"均支持输出从起始元素索引位置到列表末尾的所有中间元素。如果在方括号中提供负数索引值,将会返回距离列表末尾相应距离的中间元素(倒序取值),该方法支持输出距离列表末尾任意位置的切片。举例来讲,如果要输出前面 scientist 列表名单上的后 2 位科学家,就可使用语法 scientist[-2:],代码如下所示。

```
scientist = ['Confucius', 'Aristotle', 'Euclid', 'Isaac Newton']
print(scientist[-2:])
```

运行上述程序,Python 将在终端中打印 scientist 列表后 2 位的科学家。

```
D:\python_learn \helloWorld>python scientist.py
['Euclid', 'Isaac Newton']

D:\python_learn \helloWorld>_
```

4.4.2 遍历切片

如果需要遍历列表中的部分元素,可以利用前面介绍过的 for 循环,即在 for 循环中嵌套切片。下列示例将遍历列表 scientists 中的后 3 位科学家,并一一打印他们的姓名。

```
scientists = ['Confucius', 'Aristotle', 'Euclid', 'Isaac Newton']
for scientist in scientists[1:]:
    print(scientist.title())
```

其中,scientists[1:]从列表中的第 2 个元素开始遍历,也就是遍历该列表中的后 3 个元素。

```
D:\python_learn \helloWorld>python scientist.py
Aristotle
Euclid
Isaac Newton

D:\python_learn \helloWorld>_
```

切片是一个非常实用的工具,在数据处理的任务中,可使用切片批量处理数据;Web 应用中,切片可被用来分页显示;切片在游戏开发中也可被用于提取分数。

4.4.3 复制列表

有些情况下,项目需要创建一个与现有列表有相同元素的全新列表,Python 提供了复制列表的功能。

如果要复制一个列表,可以先构建一个包含整个列表元素的切片,其语法为"[:]"。该语法使 Python 构建起一个起始于列表第一个元素且终止于列表最后一个元素的切片,即复制整个列表。

假设有一个列表,其中包含 3 款披萨,基于该列表复制出另外一个相同的列表,示例代码如下所示。

```
Pizza = \
    ['Super beef pizza', 'Italian sausage pizza', 'Broccoli bacon pizza']
favorite_pizza = Pizza[:]

print("These pizzas are available in the store:\n" + str(Pizza))
print("\nSome of my favorite pizzas are:\n" + str(favorite_pizza))
```

首先,构建一个名为 Pizza 的列表,里面包含 3 款不同的披萨作为其元素。然后,构建一个名为 favorite_pizza 的新列表。在不为该列表指定任何索引的情况下,从列表 Pizza 中提取到一个切片,其语法为 favorite_pizza = Pizza[:],以此来创建列表 Pizza 的副本,再将其存储在变量 favorite_pizza 内。最后,在终端中打印每个列表,并观察其列表元素是否相同。终端中打印的结果如下所示。

```
D:\python_learn \helloWorld>python favoritePizza.py
These pizzas are available in the store:
['Super beef pizza', 'Italian sausage pizza', 'Broccoli bacon pizza']

Some of my favorite pizzas are:
['Super beef pizza', 'Italian sausage pizza', 'Broccoli bacon pizza']

D:\python_learn \helloWorld>_
```

为了验证上述代码构建了两个元素相同的列表,接下来为每一个列表都单独添加1种新口味的披萨,如下列代码所示。

```
Pizza = \
    ['Super beef pizza', 'Italian sausage pizza', 'Broccoli bacon pizza']
favorite_pizza = Pizza[:]

Pizza.append(' Seafood pizza')
favorite_pizza.append(' Pure cheese pizza')

print("These pizzas are available in the store: \n" + str(Pizza))
print("\nSome of my favorite pizzas are: \n" + str(favorite_pizza))
```

首先,仍需要先将列表 Pizza 的元素复制到新的列表 favorite_pizza。然后,使用 append() 函数在列表末尾处为每个列表都分别添加1款新口味的披萨,在 Pizza 列表中添加"Seafood pizza",在 favorite_pizza 列表中添加"Pure cheese pizza"。分别打印列表 Pizza 与 favorite_pizza,在终端中核实新添加的2款披萨是否分别包含在相应的列表内。

```
D:\python_learn \helloWorld>python favoritePizza.py
These pizzas are available in the store:
['Super beef pizza', 'Italian sausage pizza', 'Broccoli bacon pizza',' Seafood
pizza']

Some of my favorite pizzas are:
['Super beef pizza', 'Italian sausage pizza', 'Broccoli bacon pizza', 'Pure
cheese pizza']

D:\python_learn \helloWorld>_
```

上列终端输出表明,Seafood pizza 仅包含在 Pizza 列表中,而 Pure cheese pizza 仅包含在 favorite_pizza 列表中,说明它们是两个各自独立的列表。接下来演示不使用切片来复制列表,并在终端输出的结果中观察 favorite_pizza ＝ Pizza 这种写法的弊端。

```
Pizza = \
    ['Super beef pizza', 'Italian sausage pizza', 'Broccoli bacon pizza']
favorite_pizza = Pizza

Pizza.append(' Seafood pizza')
```

```
favorite_pizza.append(' Pure cheese pizza')

print("These pizzas are available in the store: \n" + str(Pizza))
print("\nSome of my favorite pizzas are: \n" + str(favorite_pizza))
```

这里直接将 Pizza 赋给 favorite_pizza，而不是将 Pizza 的副本存储在 favorite_pizza 中。favorite_pizza = Pizza 这行代码让 Python 将新变量 favorite_pizza 关联到 Pizza 中所包含的列表，所以这两个变量实际都将指向同一列表。因此，当把 Seafood pizza 添加进列表 Pizza 时，它实际也会出现在新列表 favorite_pizza 中。下列代码为终端中输出的结果，结果表明，Pizza 与 favorite_pizza 两个列表中所包含的元素完全相同，这实际并非预期结果。

```
D:\python_learn \helloWorld>python favoritePizza.py
These pizzas are available in the store:
['Super beef pizza', 'Italian sausage pizza', 'Broccoli bacon pizza', ' Seafood pizza', 'Pure cheese pizza']

Some of my favorite pizzas are:
['Super beef pizza', 'Italian sausage pizza', 'Broccoli bacon pizza', ' Seafood pizza', 'Pure cheese pizza']

D:\python_learn \helloWorld>_
```

4.5 元组

前面介绍的 Python 列表支持对其元素进行修改，而如果用户需要创建一系列元素不可被修改的列表，元组恰好可满足这项需求。Python 将不支持修改的值称为不可变的，而不可变的列表就被称作元组。

4.5.1 元组简介

元组与列表相似，但元组使用圆括号来标识，在定义完元组之后就能够利用索引访问其元素了。例如，有一个长 300cm、宽 60cm 的矩形。为确保其长度、宽度不变，就可以将其长与宽存储在元组内，从而确保其不被修改，如下列示例所示。

```
dimension = (300, 60)
print(dimension[0])
print(dimension[1])
```

在上述程序第 1 行定义了一个名为 dimension 的元组，这里要使用圆括号与列表区分。分别打印元组 dimension 的各个元组元素，访问元组所使用的语法与访问列表时所使用的语法相同，即 dimension[0]，以此类推。

```
D:\python_learn \helloWorld>python fixedSize.py
300
```

```
60

D:\python_learn \helloWorld>_
```

接下来,尝试修改元组 dimension 中的一个元素。

```
dimension = (300, 60)
dimension[0] = 360
```

上述程序第 2 行代码试图修改元组 dimension 中的第一个元素值,这导致 Python 解析器返回了一条类型错误的信息,这是因为试图修改元组中元素的操作是不被允许的,该操作不符合 Python 编程语言的语法规定,在终端中显示的报错信息如下。

```
D:\python_learn \helloWorld>python fixedSize.py
Traceback <most recent call last>:
  File "fixedSize.py", line 2, in <module>
    dimension[0] = 360
TypeError: 'tuple' object does not support item assignment

D:\python_learn \helloWorld>_
```

4.5.2 遍历元组

与列表类似,for 语句也可被用于遍历元组内所有元素的值,如下列示例所示。

```
dimension = (300, 60)
for fixed_dimension in dimension:
    print(fixed_dimension)
```

像遍历列表时一样,for 语句也能够使得 Python 返回元组内所有的元素,即 300、60,终端中执行上述程序的结果如下所示。

```
D:\python_learn \helloWorld>python fixedSize.py
300
60

D:\python_learn \helloWorld>_
```

4.5.3 修改元组内的值

虽然前面已经证明过,Python 不支持对元组内的元素进行修改,但它却支持对元组另赋新值。也就是说,如果想要修改前述长为 300cm、宽为 60cm 的矩形的尺寸,可通过再次定义整个元组这一方法来实现,请看下列示例中的操作。

```
dimension = (300, 60)
for fixed_dimension in dimension:
```

```
        print(fixed_dimension)

dimension = (360, 70)
print("\nModified dimensions are as follows: ")
for fixed_dimension in dimension:
    print(fixed_dimension)
```

首先,声明一个元组 dimension,并使用 for 循环语句提取到元组内的元素;然后,重新声明元组,并将该值存储在变量 dimension 中;最后,打印出新尺寸。对于这种写法,Python 不会报任何错误,这是因为给元组重新赋值是合法的,如下列终端结果所示。

```
D:\python_learn\helloWorld>python fixedSize.py
300
60

Modified dimensions are as follows:
360
70

D:\python_learn \helloWorld>_
```

4.6 设置代码的格式

随着函数的学习,开发者所能编写的程序将越来越长,因此有必要了解一些代码格式的设置,能够使代码更容易被理解,有助于与他人合作,这在未来的工作中非常重要。

格式设置的另一个潜在含义是确保所有人编写的程序都遵循一个相同的约定,进而保持代码的结构基本一致。如果希望成为一名专业的程序员,就应该从现在开始遵循这些约定,以养成良好的书写习惯。

4.6.1 代码的编写约定

编写约定,即 Python 增强方案(python enhancement proposal,PEP)。PEP 8 是最古老的 PEP 之一,它向新晋程序员介绍了 Python 代码格式设置的相关约定。PEP 8 的编写者深知,程序需要被阅读的次数远比其被编辑的次数多得多。因此,在调试时通常需阅读程序;为程序增添新的功能,也需要阅读程序;与其他程序员协作,协作者也需要再次阅读程序。如果要在程序应该易于编写还是易于阅读之间做出抉择,经验丰富的程序员总是会选择易于阅读。接下来,详细介绍可帮助程序变得易于阅读的 PEP 的具体内容。

4.6.2 缩进

PEP 8 建议代码块逐级缩进 4 个空格,这不仅可以提升代码的可读性,并且也可以留足多级缩进的空间。在代码的可执行文档内,编写代码时采用 Tab 键(即制表符,接下来所有对制表符的表述都由 Tab 键替代)而非空格键来完成缩进。这是因为混合使用空格键与 Tab 键易使 Python 解析器迷惑,而每款 IDE(集成开发环境)都会提供一种设置方式,即将输入的 Tab 键转换成固定数量的空格键。当编写代码时需要使用 Tab 键,首先要对 IDE 进行设置，以使输入的Tab键在IDE中插入的是空格。而在程序中混合使用Tab键与空格键就可能导致极其难解决的问题。在本书所采用的IDE——PyCharm中，设置Tab键转换为固定数量的空格键的方法详见本书的附录A。

4.6.3 行长

最初制定约定时，多数计算机的终端窗口中，每行最多仅能容纳79个字符，而当前的计算机屏幕每行可容纳的字符数量远多于此。那么，为什么还要遵循79个字符的标准行长呢？这是由于专业的程序员通常会在同一屏幕上同时打开多个文档，而遵循该标准行长有助于他们在同一屏幕上并排打开2～3个文件的完整行。

PEP 8也遵循此约定，其建议注释的行长不要超过79个字符，因为有些工具在大型项目自动生成文档时，会在每行注释开头添加格式化字符。PEP 8中有关行长的约定并非不可逾越的红线，有些程序员也会将最大行长设置为99个字符。在学习期间，建议遵循79个字符的行长限制，以方便将来与他人协同工作。

多数IDE都可设置一个视觉标识——通常是一条竖着的实线，使开发者知道不应逾越的边界线在什么位置上。在本书所采用的IDE——PyCharm中，设置最大行长为79个字符的方法，详见本书附录A。

4.6.4 空行

分开程序中不同的代码块，可利用空行；组织程序，也可利用空行。但是不建议过度滥用空行，最好按本书示例展示的那样做，就能够逐渐掌握其中的规律。举个例子，假设有5行构建列表的代码，还有3行处理该列表的代码，那么用一个空行将这两部分分隔开最合适，不推荐使用更多的空行将其分隔。

当然，Python解析器仅会依据水平方向上代码的缩进情况来解读程序，而并不关心垂直方向上的空行间距。虽然垂直的空行不会影响代码工作，但却会减弱程序的易读性。

4.7 本章小结

本章的内容包括，怎样高效处理列表内的元素；怎样利用for循环语句遍历整个列表；Python怎样依据缩进情况来确定程序结构以及怎样规避常见的缩进错误；怎样高效地创建数字列表，并对数字列表执行操作；怎样利用切片来提取部分列表与复制列表。在本章的后半部分还详细介绍了Python元组，其对不应被改变的值提供了一定的保护；以及基于PEP 8来规范代码的格式，并设置IDE，以使编写的代码易于阅读。在接下来的内容中，还将介绍怎样采用if判别语句来基于特定的条件采取特定的举措，学习怎样将较复杂的测试条件组合起来，再在满足特定条件时采取相应的举措。

4.8 习题

1. 冰激凌。列举出3种你最中意的冰激凌口味，将其存储在一个名为ice_cream的列表内，再使用for循环语句将每种冰淇淋都一一打印出来。

（1）使用 for 循环执行更多操作，对于不同种类的冰淇淋都打印一条信息："I favorite **"。

（2）在编写的程序的末尾处添加一行代码，这条总结性的信息不包含在 for 循环内："I really love ice cream!"。

2. 计数。使用 for 语句打印数字 0~66。

3. 一百万。创建一个包含 0~1000000 的列表，再使用 for 语句将数字一一打印出来（若输出的时间过长，可按 Ctrl+C 组合键停止输出）。

4. 统计。创建一个包含 0~1000001 的列表，使用函数 max() 与 min() 来核实列表始于 0、终于 1000000，再对列表执行 sum() 函数。

5. 偶数。为 range() 函数指定第三个参数来创建一个偶数列表，其范围为 0~17；再使用 for 循环将这些数字一一打印出来。

6. 计算 3 的倍数。创建一个包含 6~39 内所有可被数字 3 整除的数字列表，使用 for 循环将列表中的数值一一打印出来。

7. 0~20 的立方。创建包含 0~20 的立方的列表，再使用 for 语句将它们一一打印出来。

8. 综合训练。利用列表解析的方法生成一个列表，其中包含任意 19 个整数的立方。

9. 切片。选择本章中的任意一个示例中的列表，再为其添加 6 个元素，以完成以下任务。

（1）使用本章节学习的切片提取列表中的前 3 个元素，再打印一条信息指出："The first 3 items in this list are：**"。

（2）使用切片提取列表中间的 3 个元素，并指出："The middle 3 items in this list are：**"。

（3）使用切片提取列表末尾的 3 个元素，同样打印一句话，指出："The last 3 items in this list are：**"。

10. "复制"列表。选择本章中任意一个示例中的列表。"复制"该列表中所包含的元素以构建该列表的"副本"，再来完成以下任务。

（1）在原来的列表内添加一个元素。

（2）在新"复制"的列表内添加一个元素，但需要不同于在原来的列表内添加的元素。

（3）为核实确实创建了两个不同的列表。打印一句总结性的话，再使用 for 语句遍历原来的列表。之后打印一句总结性的话，再使用 for 语句遍历"复制"的列表，以核实新添加的元素被正确添加进了各自的列表中。

11. 炸鸡店。一家炸鸡店能够提供 8 种口味的炸鸡，将其存储进一个元组内。

（1）使用 for 循环将炸鸡店所能提供的食品一一打印出来。

（2）尝试修改其中的一个元素，核实终端中 Python 是否报错。

（3）鉴于炸鸡店推出了新品，请再来编写一段代码以给元组的变量重新赋值，再利用 for 语句将新赋值的元组内的每个元素都逐一打印，以确定修改成功。

12. 代码优化。从本章编写的例题中选择一个，依据 PEP 8 对其进行修改。

（1）每一级的缩进都采用 4 个空格。对编辑器进行设置，使按 Tab 键时可插入 4 个空格。

（2）对编辑器进行设置，使其在第 79 个字符处显示一条垂直的参考线。

（3）核实在以往的程序中是否存在过度使用空行的问题。

第 5 章　if 判别语句

无论在哪种编程语言中，都需要经常使用 if 语句来判定一系列条件，并依据条件决定采用何种应对措施。Python 当然也不例外。本章将介绍条件测试用以判定条件、简单的 if 语句，以及构建一系列复杂的 if 语句来判定当前条件是否满足执行对应的措施。然后，将所学的知识应用于列表处理，并以一种方式处理列表中的部分元素，以另外一种不同的方式处理额外的元素。

5.1　if-else 语句示例

下面的示例用于介绍怎样使用 if 语句处理符合条件的情况，用 else 语句处理额外的情况。假设有一个名人列表，需要将其中的元素打印出来。对于多数名人，需要以首字母大写的形式来打印其姓名，但对于'aristoteles'，需要以全大写的形式将其打印出来。

```
famousPeople = \
    ['caesar', 'homeros', 'platon', 'aristoteles', 'bacon', 'dickens', 'hugo']

for people in famousPeople:
    if people == 'aristoteles':
        print(people.upper())
    else:
        print(people.title())
```

该示例中，首先通过 for 循环在列表 famousPeople 中逐个提取元素，再使用 if 循环语句逐个比对当前所获取到的元素是否为'aristoteles'。如果是，则以全大写的形式打印出来，否则以首字母大写的形式打印，其中"=="表示判定是否相等，终端中的打印结果如下所示。

```
D:\python_learn\helloWorld>python famous_people.py
Caesar
Homeros
Platon
ARISTOTELES
Bacon
Dickens
Hugo

D:\python_learn\helloWorld>_
```

5.2 条件测试

每条 if 语句的核心都涉及一个值为布尔类型(bool)的表达式,即返回值或者为 True (真),或者为 False(假),该表达式被称作条件测试。Python 会依照条件测试的值是 True 或 False 来最终决定是否执行 if 语句内缩进的代码。如果条件测试的值为 True,Python 就允许执行 if 语句内缩进的代码,否则,Python 就会忽略此代码。

5.2.1 编写约定

多数条件测试为判定变量的当前值与特定值是否一致,如下列示例所示。

```
D:\python_learn \helloWorld> python
Python 3.8.1 <tags/v3.8.1:1b293b6, Dec 18 2019, 22:39:24> [MSC v.1916 32 bit
<Intel>] on win32
Type "help", "copyright", "credits" or "license" for more information.
>>> people = ' artistoteles'   ①
>>> people == ' artistoteles'
True
>>>_
```

首先,利用单等号(=)为变量 people 赋值:'artistoteles'(详见上述①)。再利用双等号(==)判定 people 的值是否为'artistoteles',如果两边的值一致时,返回 True,否则返回 False。在该示例中,两边的值都为'artistoteles',因此 Python 会返回 True。同理,如果变量 people 的值不是'artistoteles',上述测试中 Python 将返回 False。

```
>>> people = 'hugo'
>>> people == 'artistoteles'
False
>>>_
```

5.2.2 判定是否相等时需考虑大小写

Python 判定两值是否一致时,需考虑大小写。如下列示例所示。

```
>>> people = 'HUGO'
>>> people == ' hugo'
False
>>>_
```

如果大小写无关紧要,仅需要判断等号两边变量的值,则可将变量的值通过 lower()函数转换为全小写格式,再进行比较。

```
>>> people = 'HUGO'
>>> people.lower() == 'hugo'
True
>>>_
```

值得强调的是，lower()函数不会改变储存于 people 变量内的值，故进行此种比较时并不会影响原本变量的值，详情请见以下示例。

```
>>> people = 'HUGO'
>>> people.lower() == 'hugo'
True
>>> people
'HUGO'
>>>
```

鉴于上述两个字符串一致，故此终端会返回 True。再次输入 people，打印其值，由接下来的输出可知，该条件测试并未实质影响到存储于 people 变量内的值，其值依旧为 'HUGO'。

Web 登录可采取类似方式来使用户所输入的个人信息符合特定的格式要求。举例来讲，登录 Web 时就可能会涉及类似的测试以确保用户所输入的用户信息是独一无二的，而并不仅是与其他用户的用户信息的大小写格式不一致。当用户提交新的用户信息时，将其先转换为小写格式，再与服务器上存储的全部既有用户信息的小写版本进行比较。类似操作在游戏的登录系统中很常见。

5.2.3 判定不相等与不等号的写法

判定两个值是否不相等，可以使用不等号(!=)。其中，感叹号可理解为否，完整理解即为不等于，该符号在很多编程语言中都很常见。接下来，再使用 if 判别语句演示不等号运算符的使用方法。

将一款配料的名称字符串信息存储在变量 requested_topping 中，使用 if 语句判定，当顾客所要求的配料 requested_topping 不为 anchovies 时，打印一条信息："添加 anchovies！"。

```
requested_topping = 'chicken'

if requested_topping != 'anchovies':
    print("Hold the anchovies!")
```

在上述程序中，第二行代码判断 requested_topping 的值是否与'anchovies' 的值一致。如果 requested_topping 的值与'anchovies' 的值不一致，终端中将返回 True，进而执行 print 语句，并输出 "Hold the anchovies!" 这段话。如果两个值一致，终端就会返回 False，if 语句后面的代码不再执行。上述示例中，requested_topping 的值与'anchovies' 的值不一致，因此终端中会输出 "Hold the anchovies!" 这段话，终端中所示的程序运行结果如下。

```
D:\python_learn\helloWorld>python toppings.py
Hold the anchovies!

D:\python_learn \helloWorld>_
```

5.2.4 比较数字大小

在实际场景应用中,比较数字的大小也很实用。举例来讲,请判定一个人是否超过 18 岁,从而满足获取驾照的条件。

```
driving_age = 18
if driving_age == 18:
    print("You meet the conditions for obtaining a driver's license.")
```

```
D:\python_learn \helloWorld>python magic_number.py
You meet the conditions for obtaining a driver's license.

D:\python_learn \helloWorld>_
```

当然,还可以判定两个数字是否不一致,修改上述示例代码,当驾驶年龄超过最大阈值 60 岁时,指出"You age has exceeded the optimal driving age"。

```
driving_age = 82
if driving_age != 60:
    print("Your age has exceeded the optimal driving age.")
```

这里首先声明了 driving_age = 82,if 语句判定 driving_age 是否不等于(!=)最大阈值 60,如果不等于,就执行 if 语句后有 4 个空格缩进的语句:打印"You age has exceeded the optimal driving age",其终端中显示的结果如下。

```
D:\python_learn \helloWorld>python magic_number.py
Your age has exceeded the optimal driving age.

D:\python_learn \helloWorld>_
```

此外,条件语句中还包含各类数字比较关系,诸如,>、>=、<、<=,如下列示例所示。

```
D:\python_learn \helloWorld> python   ①
Python 3.8.1 (tags/v3.8.1:1b293b6, Dec 18 2019, 22: 39: 24) [MSC v.1916 32 bit
(Intel)] on win32
Type "help", "copyright", "credits" or "license" for more information.
>>> age = 18
>>> age < 20
True
>>> age <= 20
True
>>> age > 20
False
>>>age >= 20
False
>>> ^Z   ②


D:\python_learn \helloWorld>_
```

5.2.5 同时判定多个条件

很多任务中都可能需要同时判定多个条件是否满足,有些任务需要两个条件都满足时,才能执行对应操作,而有时仅满足一个条件就能执行对应操作。这就不得不介绍关键字 and 和 or 了。

1. 使用 and 判定多个条件

要想判定两个条件是否都满足,就可以采用 and 关键字将两个条件合并在一起;当且仅当全部条件都满足时,整个表达式才能返回 True,而至少有一个测试不被满足时,整个表达式都将返回 False。

来看一组 and 关键字的示例,判定两个人的年龄是否不小于 21 岁。

```
D:\python_learn \helloWorld>python
Python 3.8.1 (tags/v3.8.1:1b293b6, Dec 18 2019, 22:39:24) [MSC v.1916 32 bit (Intel)] on win32
Type "help", "copyright", "credits" or "license" for more information.
>>> age_00 = 23
>>> age_01 = 16
>>> age_00 >= 21 and age_01 >= 21
False
>>> age_01 = 23
>>> age_00 >= 21 and age_01 >= 21
True
>>>
```

首先,age_00 = 23 与 age_01 = 16 定义了两个年龄。随后,age_00 >= 21 and age_01 >= 21 用以判定变量 age_00 与 age_01 是否都大于或等于 21,明显 age_00 大于 21,age_01 小于 21,而 and(且)需要两边条件均满足才能为真,也就是有一个条件为假,则全部表达式均为假。因此,整个条件表达式的返回值为 False。接下来,重新定义 age_01,使 age_01 = 23,这句话将为 age_01 重新赋值为 23,这样 age_01 的值也大于 21,因此两个条件均符合要求,这使得整个条件表达式的返回值为 True。

此外,为提升代码的可读性,可将两个条件放置在一对圆括号之内,但该操作并非必须的。若使用其他标识符,则书写语法如下。

```
(age_00 >= 21) and (age_01 >= 21)
```

2. 使用 or 判定多个条件

关键字 or 也能用于判定多个条件,但只要有一个条件得到满足,就会返回 True。or 关键字当且仅当多个条件都不被满足时,or 表达式才会返回 False。

接下来,继续以年龄判定举例,但与使用 and 的表达式不同,使用 or 的表达式的判定条件为有一个条件为真,示例如下。

```
>>> age_00 = 23
>>> age_01 = 16
>>> age_00 >= 21 or age_01 >= 21
```

```
True
>>> age_00 = 16
>>> age_00 >= 21 or age_01 >= 21
False
>>>_
```

5.2.6 判定特定值是否包含在列表内

在执行某些操作之前,需判定列表是否包含有特定的阈值。例如,在打开特定 Web 前,可能就需要判定用户通过输入框所提交的用户名是否已经包含在注册列表之内。而在导航应用中,也需要判定用户提供的位置信息是否包含在已有的位置列表中。这些操作就涉及关键字 in。下列代码将定义一个用户名列表,其中包含所有已注册过的用户,之后在用户 Tim 登录时,判定其是否已经注册,示例代码如下所示。

```
D:\python_learn \helloWorld>python
Python 3.8.1 (tags/v3.8.1:1b293b6, Dec 18 2019, 22:39:24) [MSC v.1916 32 bit
(Intel)] on win32
Type "help", "copyright", "credits" or "license" for more information.
>>> setUpList = ['Tim', 'Sandy', 'Peggy', 'Danel', 'Alen']
>>> 'Tim' in setUpList
True
>>> 'Davison' in setUpList
False
>>>_
```

在代码 'Tim' in setUpList 与 'Davison' in setUpList 中,in 关键字可以使 Python 解析器检查 setUpList 列表中是否包含有 'Tim' 与 'Davison' 两位用户。

5.2.7 判定特定值是否未包含在列表内

某些特定任务中,判定特定的值是否不包含于列表内非常必要,这就涉及 not in 关键字。举例来讲,有一个在论坛上被禁止发表评论的用户名列表,这就可以使用 not in 关键字,在允许用户发布评论前检查其是否已经被禁言了,如下列示例所示。

```
banned_users = ['Alene', 'Jim', 'Dave', 'Carolina']
user = 'Tim'

if user not in banned_users:
    print(user + ", you can post a response if you wish!")
```

上述程序中代码"if user not in banned_users:"表示为,如果 user 的值不被包含于列表 banned_users 内,终端中 Python 就会返回 True,从而执行缩进的 print 代码块。'Tim' 并未包含在列表 banned_users 之中,因此就会在终端中打印出"Tim, you can post a response if you wish!"这句话。

```
D:\python_learn \helloWorld>python banned_List.py
Tim, you can post a response if you wish!

D:\python_learn \helloWorld>_
```

5.2.8 布尔表达式

布尔表达式(Boolean expression)是条件测试的别称。与条件表达式一样,布尔表达式类似开关,或者为 True,或者为 False。布尔表达式常被用来记录条件,如判定游戏是否正在运行,或是用户是否可以编辑 Web 的特定内容。

```
activeGame = True
edit_Web = False
```

5.3　if 语句

if 语句有很多种,选择哪一种取决于要测试的条件数,前面在探讨条件测试时,已经列举了多种 if 语句的实例,接下来,本节将更深入地介绍该主题。

5.3.1　基础语句

最基础的 if 语句仅包含一个测试与一种对应操作,如下所示。

```
if conditional_test:
    do something
```

上述代码中,"if conditional_test:"可包含任意条件测试;"do something"则可对应执行任意操作。若条件测试的结果为 True,Python 会执行缩进代码,否则 Python 将忽略这些代码。下面是一个有关某人年龄的代码,要求使用 if 语句判定这个人是否已经达到了参与政治选举的年龄。

```
ages = 20
if ages >= 18:
    print("Any eighteen people are eligible to vote.")
```

鉴于 ages = 20,所以"if ages >= 18"判定成立,因此会打印"Any eighteen people are eligible to vote.",终端中执行的结果如下所示。

```
D:\python_learn \helloWorld>python voting.py
Any eighteen people are eligible to vote.

D:\python_learn \helloWorld>_
```

if 语句后缩进的代码块的作用与 for 循环中缩进的代码块基本类似。如果 if 语句后的条件得到了满足,将继续执行 if 之后所有缩进的代码;如果 if 语句后的条件得不到满足,将忽略 if 之后所有缩进的代码。

此外,紧跟在 if 语句下面缩进的代码块,可依据需求包含任意行代码。接下来,继续完善前面的示例代码,依据需求再补充一行代码,指出:"You are old enough to vote!",请看下列示例。

```
ages = 16
if ages >= 18:
    print("Any eighteen people are eligible to vote.")
    print("You are old enough to vote!")
```

当满足 if 语句下面的条件后,紧随 if 语句所有缩进的代码都将被执行,终端中的执行结果如下所示。

```
D:\python_learn \helloWorld>python voting.py
Any eighteen people are eligible to vote.
You are old enough to vote!

D:\python_learn \helloWorld>_
```

5.3.2 if-else 语句

很多任务中,经常需要在满足条件时对应执行一些操作;在条件未被满足时执行另外一些操作。为此,可采用 Python 所提供的 if-else 语句。if-else 语句与 if 语句类似,但其中的 else 语句能够执行未满足 if 语句条件的操作。

来看一组示例,使用 if-else 语句完成。当受访者满足投票年龄时显示一段信息,否则显示另一段信息,内容如下所示。

```
ages = 20
if ages >= 18:
    print("Any eighteen people are eligible to vote.")
    print("You are old enough to vote!")
else:
    print("You are under the age to participate in political activities!")
    print("Please register to vote as soon as you turn 18.")
```

当上述测试不通过时,Python 解析器就忽略 if 语句后缩进的代码,转而执行 else 后缩进的代码块,终端中的执行结果如下所示。

```
D:\python_learn \helloWorld>python voting.py
You are under the age to participate in political activities!
Please register to vote as soon as you turn 18.

D:\python_learn hello World>_
```

if-else 引导的语句仅存在两种可能性,达到了投票年龄,或者未达到。if-else 结构适用于执行两种操作其中之一,且总会执行其中的一种可能。

5.3.3 if-elif-else 语句

在实际任务中,也经常需要应对判定超过两种可能的情形,为此可采用 Python 提供的 if-elif-else 语句结构。该语句结构中 Python 仅会执行 if-elif-else 语句的任一代码块,因此,Python 会依次判定 if、elif、else 每个条件,直至遇见可被满足的条件。条件被满足后,Python 会继续执行其后缩进的代码,并直接忽略其余的条件,执行完毕后直接退出循环。实际任务中,许多情况需要判定的条件都可能超过两种,以停车场的收费明细为例。

(1) 1 小时以下免费;
(2) 2~8 小时,每小时收费 10 美元;
(3) 超过 8 小时,超出部分每小时收费 4 美元。

若仅使用 if 语句,如何确定收费标准呢?

```
time = 6

if time < 1:
    print("Your parking fee is $0.")
elif time > 8:
    print("Your parking fee is $4.")
else:
    print("Your parking fee is $10.")
```

其中,"if time < 1:"能够判定停车时间是否小于 1 小时,若小于,终端就会打印"Your parking fee is $0.",并跳过余下的测试。程序第 5 行 elif 代码其实为另一个(else)if 语句,其仅在前面的 if 测试不通过时才被执行。这里,已知 time = 6,因此第一个 if 测试将无法通过。此外,若 time 大于 8 小时,Python 将打印"Your parking fee is $4.",并忽略 else 代码块,跳出整个循环。若 if 测试和 elif 测试均不能通过,Python 会执行 else 代码块内的代码,并打印"Your parking fee is $10."。

在程序中,"if time < 1:"的测试结果为 False,因此其缩进的代码块将不被执行;"elif time > 8:"的测试结果也为 False,因此将执行 else 语句中的 print 语句。终端中输出的结果如下所示。

```
D:\python_learn\helloWorld>python parking_Fee.py
Your parking fee is $10.

D:\python_learn\helloWorld>_
```

如果时间 time 为 6,那么会直接执行 else,并在终端中指出停车费为 $10。此外,还可对代码进行以下优化。

```
time = 6

if time < 1:
    price = 0
```

```
    elif time > 8:
        price = 4
    else:
        price = 10

    print("Your parking fee is $" + str(price) + ".")
```

优化后,"if time < 1:"、"elif time > 8:"、"else:"与前一个示例一致,依据时间 time 设置变量 price 的值。在 if-elif-else 语句中嵌入 price 的值后,唯一未缩进的 print 语句会依据 price 变量的值打印"Your parking fee is $" + str(price) + ".",以指出停车费用。

```
D:\python_learn\helloWorld>python parking_Fee.py
Your parking fee is $10.

D:\python_learn\helloWorld>_
```

修改后程序的输出与前一个示例一致,但 if-elif-else 语句的作用就变小了,其仅被用来确定 price 价格变量的值,而不再同时承担打印信息这一使命。除提升执行效率外,修改后的程序更易修改:若要调整输出的内容,仅需修改最终的 print 语句即可。

5.3.4 使用多个 elif 语句

elif 语句可依据需求堆叠任意数量的代码块。例如,添加一条 elif 测试,以判定停车时间是否超过 24 小时。若超过 24 小时,超出部分予以相应折扣。

```
time = 6

if time < 1:
    price = 0
elif time > 8:
    price = 4
elif time > 24:
    price = 3
else:
    price = 10

print("Your parking fee is $" + str(price) + ".")
```

在 if-elif-else 中,只要不满足 if 与 elif 中条件的测试,都可归结于 else 语句中,并执行 else 语句中缩进的内容,但这可能会引入恶意的执行数据。因此,如果知道最终要测试的条件,建议考虑使用一系列的 elif 语句代码块来替代包罗万象的 else 代码块。这样,可确保被执行的代码更可控。

5.3.5 基于连续 if 语句的多条件测试

if-elif-else 语句的应用十分广泛,但仅能适用于一个条件得以满足的情况。当遇到满足条件的测试后,Python 就忽略其余测试条件,跳出整个循环。然而,有些任务中需要判定所有相关的条件。为此,可使用一系列不包含 elif 与 else 语句的 if 语句。在有多个条件为 True,并且在每个为 True 的条件都需要采取应对的措施时,该结构非常适用,请看下列示例代码。

```python
kfc_menu = \
    ('Original recipe', 'Hot wing', 'Nugget', 'Popcorn chicken', 'Twister',
    'Roast chicken wings', 'Chicken drumsticks', 'New Orleans roasted wing')

if 'Original recipe' in kfc_menu:
    print("Add original recipe")
if 'Hot wing' in kfc_menu:
    print("Add hot wing")
if 'Nugget' in kfc_menu:
    print("Add nugget")
if 'Cheese' in kfc_menu:
    print("Add cheese")

print("\nEnd order.")
```

上述代码都由一个简单的 if 语句构成,而不是 elif、else 语句。因此,不管前一个 if 判定条件是否得以满足,该测试都会被执行。每当运行这类连续的 if 语句结构的程序时,都需完整执行所有独立的 if 判别语句。该程序在终端中的执行结果如下所示。

```
D:\python_learn\helloWorld>python KFC.py
Add original recipe
Add hot wing
Add nugget

End order.

D:\python_learn\helloWorld>_
```

如果将上述程序转而使用 if-elif-else 结构,程序将不能被顺利地执行,这是由于在 if-elif-else 结构中,只要有一个测试被满足,便会忽略余下的代码,并跳出整个循环。

```python
kfc_menu = \
    ('Original recipe', 'Hot wing', 'Nugget', 'Popcorn chicken', 'Twister',
    'Roast chicken wings', 'Chicken drumsticks', 'New Orleans roasted wing')

if 'Original recipe' in kfc_menu:
    print("Add original recipe")
elif 'Hot wing' in kfc_menu:
    print("Add hot wing")
elif 'Nugget' in kfc_menu:
    print("Add nugget")
else:
    print("Add cheese")

print("\nEnd order.")
```

鉴于元组 kfc_menu 中包含'Original recipe',因此,直接跳出整个 if-elif-else 语句结构。其在终端中输出的结果,将仅能成功添加顾客第一次点的 original recipe,无法继续添加其余的食物,其终端中的输出结果如下所示。

```
D:\python_learn \helloWorld>python KFC.py
Add original recipe

End order.

D:\python_learn\helloWorld>_
```

5.4 if 语句结构处理列表

回顾之前介绍的列表,将 if 语句与列表相结合,对列表中特定的值进行特殊处理,可以更高效、更针对性地管理不断变化的赋值。例如,判断汽车店中是否有对应的车型,并更有针对性地输出不同的结果。

5.4.1 判断列表中的特定元素

这里主要探究如何检测列表中的特殊值,并对不同的值作出更有针对性、更合适的处置。创建一个 Python 脚本文件,并在其中通过 # 号标注日期和备注。创建一个列表,其中包含各种车型,并使用一个 for 循环指出需要哪些配件,可以以极高的效率编写如下代码。

```python
# Feb. 18, 2022
# test for loop

service_parts = ['Headlight', 'hubcap', 'window', 'mirror']

for service_part in service_parts:
    print("I need a" + service_part + ".")

print("\nThank you for your help.")
```

在终端中键入 Python 和程序文件名,单击 Enter 键,运行该程序并查看运行结果。

```
D:\python_learn>python aftersale_service.py
D:\python_learn>python aftersale_service.py
I need aHeadlight.
I need ahubcap.
I need awindow.
I need amirror.

Thank you for your help.

D:\python_learn>_
```

值得强调的是,在单词 a 后要添加空格,修改后的程序如下,添加空格并查看其对打印文本所造成的变化。注意,在编辑程序时,在字符串后添加空格,以便输出的文本信息正常显示。

```
D:\python_learn>python aftersale_service.py
I need a headlight.
I need a hubcap.
I need a window.
I need a mirror.

Thank you for your help.
```

假设前车灯的故障被排除了,不再需要更换,该如何告知维修师傅呢?最妥当的方式是在原始的 for 循环结构中添加一条 if 语句。因此,又重新修改了代码块如下所示。

```
service_parts = ['headlight', 'hubcap', 'window', 'mirror']

for service_part in service_parts:
    if service_part == 'headlight':
        print("It is no longer necessary to replace my headlight.")
    else:
        print("I need a " + service_part + ".")

print("\nThank you for your help. ")
```

终端中输出的结果表明,这个问题被妥善地处理好了。

```
It is no longer necessary to replace my headlight.
I need a hubcap.
I need a window.
I need a mirror.

Thank you for your help.

D:\python_learn>_
```

5.4.2 判别列表是否为空

直至目前,本章对于每一个待处理的列表都做了一个理想的假设,即假设其至少包含一个有效元素。而实际生活中所遇到的问题通常也包含另一种普遍情形,那就是列表中不包含任何一个元素。例如,酒店中的注册会员列表,在初始情况下,其通常是不包含任何会员信息的空列表,需要用户提供个人的基本信息,才能充实该会员列表。因此,在执行 for 循环前明确列表非空十分必要。新建一个脚本,用于检测顾客是否已经注册成为酒店会员。若还未注册,则建议顾客注册成为会员,进一步享受更优质的服务;若已经注册,则向老会员表达最诚挚的问候,示例代码如下所示。

```
# Feb. 18, 2022
# test list

hotel_memberships = []

if hotel_memberships:
    for hotel_membership in hotel_memberships:
        print("Welcome to Trump Hotel.")

else:
    print("I hope you can register as a member.")
```

首先，创建一个名为 hotel_memberships 的空列表，其中不包含任何元素。然后，通过 if 语句执行一个简单的判别，若列表非空，就执行后面的 for 循环语句；否则，打印一条信息，表示"I hope you can register as a member."，希望其能够注册成为酒店会员。这里由于列表为空，布尔返回值为 False。因此，直接运行第 10 行 else 语句，打印如下信息。

```
D:\python_learn>python hotel_membership.py
I hope you can register as a member.
```

5.4.3 多个列表的使用

要知道，车辆的损坏通常是不可控的，而车主的要求也常常五花八门。例如，顾客在 4S 店进行汽车的年度维修和保养后，希望该店可以赠送杯子、车上的贴纸、自拍杆或行车记录仪用以答谢客户，那该怎么处置？是否还能用列表结合 if 语句来确保妥善满足顾客的需求？

基本解决思路是定义两个或多个列表，本着宁少勿多的原则，示例中定义了两个列表，第一个列表中包含 4S 店可提供的赠品，汽车维护后即可获得赠品；第二个列表中则包含顾客期望获得的赠品，示例代码如下所示。

```
available_parts = ['thermos cup', 'car sticker', 'selfie stick']

car_gifts = ['thermos cup', 'car sticker', 'selfie stick', 'event data recorder',
             'window']

for car_gift in car_gifts:
    if car_gift in available_parts:
        print("You can get a " + car_gift + ".")
    else:
        print("Sorry, we don't have " + car_gift + " to give. ")
```

终端中的运行结果如下所示。

```
You can get a thermos cup.
You can get a car sticker.
You can get a selfie stick.
Sorry, we don't have event data recorder to give.
```

```
Sorry, we don't have window to give.

D:\python_learn>_
```

在上述代码中，先定义了一个列表，其中包含可提供的赠品，如果赠品是固定的，也可用元组来存储它们。之后，又创建了另一个列表，其中包含顾客希望获得的赠品，包括保温杯、车贴纸、自拍杆、行车记录仪等。最后，通过 for 循环遍历整个顾客青睐的赠品列表，并将它们与可提供的赠品列表内的元素一一比对，若可以提供则输出"You can get a…"，否则执行"Sorry，we don't have…"。

本节通过为数不多的几行代码，简洁高效地处理了一个真实生活场景中的问题。在面对烦琐但重复性高的工作时，请尝试采用它们。面向问题本身来解决问题，树立问题导向型的学习方式十分重要。

5.5 if 语句的格式设置

本章节的每个示例，都展示了良好的格式书写习惯。在 if 语句的格式设置方面，PEP 8 的唯一建议就是在比较运算符的左右两边各添加一个空格，例如，if numbers ＜ 4，这相比 if numbers ＜4 的书写格式阅读起来更容易。接下来，请读者务必完成以下任务。

（1）审查你在本章所编写的程序，确保它们是符合 PEP 8 要求的。

（2）学习到现在，你已经是一名更成熟的程序员了。鉴于你对使用程序来解决现实情境中的问题有了更深入的了解，希望你可以尝试通过这套思维与书写表达方式套用更多现实生活中的问题与场景，并思考如何进一步扩展你使用 Python 的情境，展望下你想编写的游戏、可视化的数据与待复现的机器学习算法。

5.6 本章小结

布尔表达式在大多数的编程语言中普遍存在，本章通过几个简单的示例使读者更深入地了解了基于 if 的条件判别语句。在程序中，读者学习到了如何使用 if、if-else、if-elif-else 结构来测试特定的条件。此外，回顾了之前学习的 for 循环，并在此基础上学习了如何利用 for 循环来更高效地区别处理特定的列表元素。最后，学习了 PEP 8 就代码书写格式所提出的相关建议。if 语句在判别语境中使用率很高，希望读者可以常常在编辑自己的程序时使用它。

在第 6 章中，读者将学习一个全新的概念——Python 字典。字典类似于列表，但与列表不同的是，字典能够让读者将不同的信息相互关联。第 6 章依旧围绕如何创建、遍历字典元素，如何将字典、列表和 if 语句结合使用等展开。

5.7 习题

1. 条件判定。编辑系列条件测试，要求每一个条件测试均需将你对测试的预测结果与实际结果打印出来，如下所示。

```
famousCars = ['Audi', 'Mercedes-Benz', 'Volkswagen', 'Toyota', 'Ford']
print("Is car == 'Volkswagen' ? I guess: True")
print(famousCars[2] == 'Volkswagen')

print("\nIs car == 'Bavarian Motor Work' ? I guess: False")
print(famousCars[2] == 'Bavarian Motor Work')
```

（1）详细阅读并研究上述示例结果，直至洞悉结果为何返回 True 与 False。

（2）尝试编写至少 6 条测试，其中为 True 与 False 的测试至少包含 3 条。

2. 条件判定_02。创建一个名为 conditional_tests.py 的程序。测试下列列出的各种测试，且至少要分别编写一个包含 True 或 False 的测试。

（1）判定两个字符串是否相等。

（2）使用 lower() 完成一个测试。

（3）判定两个数字相等、不等、大于、小于、大于或等于与小于或等于。

（4）使用关键字 and 与 or 来完成两组判定。

（5）基于关键字 in 测试特定的值是否包含在列表内，再基于关键字 not in 测试特定值是否不包含在列表内。

3. 判断外星人颜色。假设在一个游戏中刚碰到了一个外星人，这里要求创建一个名为 alien_skin 的变量，将其所具备的颜色属性设置为 'pink'、'yellow'、'blue'、'green'。

（1）这里首先要求编写一条 if 语句，判断外星人肤色是否为绿色。若是，就在终端中打印一条信息，内容为 "player gets 5 scores"。

（2）编写这个程序的另外一个版本，在这个版本中上述测试未通过，在终端中未获得任何输出。

4. 外星人颜色_02。像习题 3 那样设置外星人的肤色变量，并编写一个 if-else 语句。

（1）若外星人为绿色，就在终端中打印一条信息，内容为 "player earns 5 points for shooting an alien."。

（2）若外星人是其他颜色，则打印一条信息，其内容为 "player gets 10 points."。

（3）此程序要求编写两个不同的版本，一个令 if 语句运行通过，另一个令 else 语句运行通过。

5. 外星人颜色_03。将习题 4 中的 if-else 代码结构改为 if-elif-else 结构。

（1）若外星人为红色，就在终端中打印一条信息，内容为 "player earns 5 points."。

（2）若外星人为黄色，就在终端中打印一条信息，内容为 "player earns 10 points."。

（3）若外星人为绿色，就在终端中打印一条信息，内容为 "player earns 15 points."。

（4）回顾 for 循环结构，分别在外星人为红、黄、绿色时各打印一条信息。

6. 重复性训练。声明变量 age，并为其赋值为 14。重复编写一个语句，并尝试为 age 重新赋值，例如 5。查看终端中打印结果的变化。

（1）若 age 小于 2，在终端中打印一条信息，其内容为 "He is a baby"。

（2）若 age 为 2（含）～4 岁，在终端中打印一条信息，内容为 "He is a toddler"。

（3）若 age 为 4（含）～13 岁，在终端中打印一条信息，内容为 "He is a child."。

（4）若 age 为 13（含）～20 岁在终端中打印一条信息，内容为 "He is a teenager."。

(5) 若 age 为 20(含)~65 岁,在终端中打印一条信息,内容为"He is an adult."。

(6) 若 age 为 65(含)岁,在终端中打印一条信息,内容为"He is an old man."。

7. 偏爱的水果。创建一个包含'apple'、'banana'、'cherry'的列表,并将其命名为 fruits_lists,再编写 4 条相互独立的 if 语句代码块,每条都检查某种水果是否被包含在列表内,若返回的布尔值为 True,就在终端中打印一条信息:"You really like " + (fruits_list) + "。

8. 与星外来客的亲密互动。创建一个包含至少 5 个外星人名的列表 aliens,其中一个名为'UMMITES'。要求对每一个访问地球的外星人都打印一条信息,遍历整个外星人列表。

(1) 若外星访客名为'UMMITES',就打印一条信息,其内容为"UMMITES,welcome to the Earth."。

(2) 否则,打印一条普通的提示信息,内容为"please register at the alien entry hall.",提示其到外星人入境大厅做认证登记。

9. 处理春节期间没有星际访客的状况。在完成前一个练习后,在编写好的程序中引入 if 语句,以判定 aliens 列表是否返回 True,即列表不为空。

(1) 对于非空列表,使用 for 循环提取列表中的每一个元素,并对每一个元素都打印一条信息:"** + ",hope you travel my planet!"。"。

(2) 重新定义 aliens 列表为空,以清空去年访客列表中的访客记录。

10. 核对外星访客名单。按下面要求编写程序,模拟外星人在出入境大厅入境的情景。

(1) 创建一个至少包含 5 名星际访客的特别逗留列表,并将该列表命名为 alien_lists。

(2) 再创建一个当日访客列表,将其命名为 new_aliens,确保其中有一到两名也包含在 alien_lists 中。

(3) 遍历当日访客列表 new_aliens,对其中每名访客的护照类型进行验证,若为特别逗留则打印"You have traveled on my planet.",若为普通游客则区别对待,打印"You can take a trip to my planet."。

(4) 鉴于不同星球中姓名的书写习惯可能与地球不同,因此外星人名称常会出现大、小写混杂的情况,使用前面学习的函数,确保你的程序将 UMMITES、Ummites 与 ummites 视为同一个人。

11. 序数。统一书写方式。确保初次探访的访客不会将序数的对应关系搞混,以影响出关。

(1) 新建一个列表,在其中存储 1~9 的自然数。

(2) 遍历整个列表,来提取每一个列表元素。

(3) 使用 if-elis-else 语句,以打印每个自然数对应的序数。例如,"1- 1st""2 -2nd""3-3rd""4- 4th",依次类推,直至自然数 9。

第 6 章 字 典

在本章中,读者将能够接触到将相关信息关联起来的字典。读者将学习如何访问和修改字典中的元素,鉴于字典可存储的信息几乎不受限制,因此读者将学习如何遍历字典中的数据。除此之外,读者还将有机会学习存储字典的列表、列表的字典以及字典的字典等概念。相信读者理解字典这一概念之后,再为各种真实的情境与现实问题建模时将变得更加得心应手。

6.1 初识 Python 字典

假如,在一个游戏中包含一些外星人,他们的外观肤色和对应编号各不相同。下面新建一个程序,并引入 Python 字典,用于存储外星人的特定信息,如以下示例代码所示。

```
# Feb. 20, 2022
# Dictionary
# 字典是另一种可变容器模型,且可存储任意类型对象。
# 字典的每个键值 key=>value 用冒号 : 分割,每个键值对之间用逗号 , 分割,整个字典包括在
# {}中。

alien_character = {'feature': 'green', 'number': 9527}

print(alien_character['feature'])
print(alien_character['number'])
```

新建的字典 alien_character 中存储了外星人的肤色外貌和编号,程序在终端中的运行结果如下所示。

```
D:\python_learn>python aliens_character.py
green
9527


D:\python_learn>
```

与众多编程概念一样,要熟练地掌握字典的使用,也需要一定强度的练习和在项目中的实践。不同编程语言的思维逻辑是大同小异的,这就使得很多概念容易被混淆;此外,这些概念如果不经常使用也很容易遗忘。因此,读者要时常复习。

当你能够熟练使用字典后,你就会明白为何它能够高效地建模现实世界中丰富多彩的案例了。

6.2 Python 字典的使用

在 Python 世界中，字典是以一系列键值对的形式存在的。每个键都与一个值相关联，读者可以使用键来访问与之相关联的值。与键相关联的值可以是数字、字符串、列表、字典。实际上，任何 Python 对象都可用作字典中一系列键的赋值。各键值对被逗号分隔开，且包含在一个花括号中，其格式如下所示。

```
alien_character = {'feature': 'green', 'number': 9527}
```

键值成对存在，它们是两个相互关联的值。指定键时，Python 返回与之相关联的值。键和值之间通过冒号来分隔（键：值）。每个键值对之间则通过逗号隔开。理论上，字典是可以允许用户存储任意多个键值对的，最基础的键值对如下所示。

```
alien_9527 = {'features': 'red color'}
```

在字典 alien_9527 中，只存储了一项有关外星人的信息，那就是外貌特征（features），其值为 red color。其中，'features' 就是一个键，与之相对的是值'red color'。无论是键与值的名称，还是字典的名称，都是由程序员自定义的。

6.2.1 访问字典的特定值

如果想要获取与键相关联的值，可依次指定字典名和放在方括号内的键，语法格式如下所示。

```
alien_character = {'feature': 'green', 'number': 9527}

print(alien_character['feature'])
```

上述代码打印出与字典 alien_character 的键相关联的值，即 green。

此外，字典中也可包含任意数量的键值对。

例如，包含两个键值对的字典 alien_character，如下所示。

```
alien_character = {'feature': 'green', 'number': 9527}
```

至此，读者可以自由地访问外星人字典 alien_character 的特征和编号了。如果玩家在游戏中射杀了这个外星人，就可以使用下面的代码来确认玩家刚刚干掉的外星人的编号和所获得的分数加成。

```
alien_character = {'feature': 'red', 'numbers': 9527, 'get scores': 6}

what_numbers = alien_character['numbers']
get_scores = alien_character['get scores']

print("You kill " + str(what_numbers) + " earned " + str(get_scores) + " points")
```

上述代码定义了一个字典,然后从这个字典中获取与键相关的值,并分别存储在变量 what_numbers 和变量 get_scores 中。接下来将整数转换为 string,即字符串类型,并打印一条信息,其内容为:"You kill 9527 earned 6 points.",指出你射杀了 9527 并获得了 6 分。这里值得注意的是,如果忘记将访问的整形值转换为字符串,就会报类似下面所示的错误。

```
Traceback (most recent call last):
  File "aliens_character.py", line 19, in <module>
    print("You kill" + what_numbers + "earned" + str(get_scores) + "points.")
TypeError: can only concatenate str (not "int") to str
```

至此,离你使用 Pygame 来完成一个游戏又近了一步。想象一下,如果你在有外星人被射杀时都运行这段代码,那么就能够获取该外星人的编号信息和获得的分数了。

6.2.2 为字典添加新的键值对

在 Python 中,字典是一种动态结构,因为读者可以随时在其中添加新的键值对,方法为依次指定字典名、键和其相关的值。接下来,在字典 alien_character 中添加两项新的信息:以屏幕为坐标系,为外星人设置 x 轴和 y 轴坐标,使得外星人能够在屏幕的特定位置显示。本节示例希望外星人在屏幕左边、离屏幕上边 25 个像素的位置显示。由于屏幕坐标系的原点通常为左上角,因此,可将其 x 轴坐标设置为 0,而将 y 轴坐标设置为 25,代码如下所示。

```
alien_character = {'feature': 'green', 'number': 9527}

alien_character['x_position'] = 0
alien_character['y_position'] = 25
print(alien_character)
```

添加信息的语法格式与访问时的比较类似,区别在于新添加了'x_position'与'y_position'并分别为它们赋了新值,重新打印字典 alien_character,查看字典其变化。

```
{'feature': 'green', 'number': 9527}
{'feature': 'green', 'number': 9527, 'x_position': 0, 'y_position': 25}
```

不难看出,字典末尾包含了位置坐标信息,其最终版本包含四对键值,两对指示外星人的外观和编号,另外两对指示对象的显示位置。

6.2.3 空字典的创建

尝试创建一个名为 alien_character 的空字典,再分别添加各键值对,代码演示如下。

```
alien_character = {}

alien_character['feature'] = 'yellow'
alien_character['number'] = 9528
alien_character['x_position'] = 0
```

```
alien_character['y_position'] = 27
print(alien_character)
```

为与之前的外星人信息加以区分,分别将 4 个键做了如下调整。

```
{'feature': 'yellow', 'number': 9528, 'x_position': 0, 'y_position': 27}
```

这里采取了一个逆过程,即先定义空字典,再添加键值对信息,最终得到与前述实例相同的字典。

6.2.4 修改字典中的值

若要对字典中的值进行修改,其语法结构是为依次指定字典名、键以及相关联的新值,需要通过赋值号(=)为原本的键赋新值。本节示例假设随着游戏的进行,第一个外星人被射杀,需要重新生成一个新的外星人,这需要将外星人的外观和编号进行修改,示例代码如下所示。

```
alien_character = {'feature': 'green', 'number': 9527}
print("The original alien is " + str(alien_character['feature']) + ", number is "
    + str(alien_character['number']))

alien_character['feature'] = 'pink'
alien_character['number'] = 9528
print("The new alien is " + str(alien_character['feature']) + ", number is " +
    str(alien_character['number']))
```

上述代码先定义了一个名为 alien_character 的字典,其中只包含该外星人外貌、编号信息。接下来,将与键'feature'相关联的值改为'pink';将与键'number'相关联的值改为 9528。打印输出,就这样一个新的外星人产生了,终端中显示的结果如下所示。

```
The original alien is green, number is 9527
The new alien is pink, number is 9528
```

要知道,在游戏中外星人通常不会站在一个地方不动,他们通常需要移动闪避,这样游戏才更有挑战和趣味性。那么这就衍生了一个新问题,来思考一下,如何才能对一个能够以不同速度移动的外星人靶标进行位置追踪呢? 如果要解决这个问题,要记录外星人的初始坐标以及终点坐标,二者之间的差是其当前的移动速度。为此定义一个字典,其包含三个变量值的键值对,分别是初始位置坐标'x_position'、'y_position'和移动速度'speed'。访问字典,并通过 if-else 语句来判别该外星人的移动速度是'slow'、'media'还是'fast'。最终位置的计算方式为初始位置+速度,打印出新的 x 轴坐标和字典 alien_character,源代码如下所示。

```
alien_character = {'x_position': 0, 'y_position': 25, 'speed': 'media'}
print(alien_character)

# 通过刚学过的 if 语句来判定位移速度
```

```
if alien_character['speed'] == 'slow':
    x_increment_value = 1
elif alien_character['speed'] == 'media':
    x_increment_value = 2
else:
    x_increment_value = 3

alien_character['x_position'] += x_increment_value
print("New x position is: " + str(alien_character['x_position']))
print(alien_character)
```

```
{'x_position': 0, 'y_position': 25, 'speed': 'media'}
New x position is: 2
{'x_position": 2, 'y_position': 25, 'speed': 'media'}
```

输出结果还打印了'x_position'的初始值为 0，旨在让用户知道该外星人向右移动了多远距离。由于这是一个中等速度的外星人，因此其位置向右移动了两个像素单位。

回顾一下本节的核心知识点，修改字典中的速度值'speed'，可改变外星人的位置和行为。示例代码如下。

```
alien_character['speed'] = 'fast'
```

修改后的代码如下所示。

```
alien_character = {'x_position': 0, 'y_position': 25, 'speed': 'media'}
print(alien_character)
alien_character['speed'] = 'fast'

# 通过刚学过的 if 语句来判定位移速度
if alien_character['speed'] == 'slow':
    x_increment_value = 1
elif alien_character['speed'] == 'media':
    x_increment_value = 2
else:
    x_increment_value = 3

alien_character['x_position'] += x_increment_value
print("New x position is: " + str(alien_character['x_position']))
print(alien_character)
```

任意修改字典中的速度值'speed'可以查看其对输出结果施加的影响，再次运行这些代码时，程序通过 if-elif-else 语句将把另外的值赋给变量 x_increment_value。

6.2.5 删除键值对

对于字典中不需要的信息，可以通过 del 语句将相应的键值对彻底删除，这里的概念与列表中的删除元素类似。同样地，在使用 del 语句时，也须指定要删除的字典名和键。下面的代码将演示从字典中删除键值对。

```
alien_feature = {'feature': 'yellow', 'number': 9529}
print(alien_feature)

del alien_feature['number']
print(alien_feature)
```

del 语句将键从字典中删除,同时删除与这个键相关联的值。打印输出结果显示,键 'number' 及其值 9529 已从字典中被删除。此外,其他键值对并未受到任何影响,运行结果如下所示。

```
{'feature': 'yellow', 'number': 9529}
{'feature': 'yellow'}
```

注意:使用 del 删除的键值对将永远消失。

6.2.6 由类似对象组成的字典

前边所列举的字典,其存储对象都是游戏中同一个外星人的不同信息,但字典也可以被用来存储众多对象的同一类信息或类似信息。众所周知,用户调查常作为一种量化方法被广泛地运用于社会科学研究和实践中,而字典可以对用户调查提供辅助。通常在用户调查中,需要调查的对象数量都很庞大,但被咨询的问题则可被归类。例如,"忍者神龟们最喜欢的食物分别是什么?",此类问题可以使用字典来存储调查结果,代码如下所示。

```
favorite_food = {
    'Leo': 'Beef Burger',
    'Raph': 'Chicken Nuggets',
    'Mikey': 'Fragrant Fish Burger',
    'Don': 'Fragrant Chicken Burger',
    'Master Splinter': 'Chinese Tea'
    }

print("Leo's favorite food is " + favorite_food['Leo'].title())
```

上述代码将一个较大的字典分为多行,其中每个键为一个被调查者的名字,每个值是被调查者所偏爱的食物。终端输出了 Leo 最中意的食物——牛肉汉堡。读者也可以使用 for 循环访问每个键值对,并将其他人最爱的食物一一打印出来。

```
Leo's favorite food is Beef Burger
```

注意:确定需要使用多行来定义字典时,在输入左花括号后单击 Enter 键,再在下一行缩进四个空格,指定第一个键值对,并在它后面加上一个逗号来作为分隔。此后,再单击 Enter 键时,文本编辑器将自动缩进后续键值对,且缩进量与第一个键值对相同。

6.3 遍历字典

理论上，Python 字典包含的键值对可以是无限的，而一一调用它们无疑工作量巨大。幸运的是，Python 支持对字典的遍历。鉴于字典存储信息的方式是多样的，因此有多种遍历字典的方式，可遍历字典的所有键值对、键、值。

6.3.1 遍历字典的键值对

定义一个新字典，其被用于存储机器人 BB-8 的相关信息，代码所示如下。

```
robot = {
    'Robot ': 'BB-8',
    'Affiliation ': 'A spherical robot belonging to Resistance',
    'From ': 'Star Wars'
    }
```

利用本节前面介绍过的知识，只要知道字典中键的名称，便可以访问字典 robot 中的任意信息。但是，如果想要访问该用户字典中的全部信息，且字典包含上百万个键值对时，该如何处理呢？这里不妨使用 for 循环来遍历该字典。新建一个名为 robot.py 的新字典，其代码如下所示。

```
robot = {
    'Robot ': 'BB-8',
    'Affiliation ': 'A spherical robot belonging to Resistance',
    'From ': 'Star Wars'
    }
for key, value in robot.items():
    print("\nKey: " + key)
    print("Value: " + value)
```

要编写用于遍历字典的 for 循环，可声明两个变量：key、value，分别用于存储键值对中的键与值。对于这两个变量，可使用任意名称的形参。下列代码使用了另外一个简单的变量名，这也是完全可行的。

```
for k, v in robot.items():
```

for 循环的第二部分包含字典名和函数.items()，它能够返回一个键值对列表。接下来，for 循环依次将每个键值对存储到指定的两个形参变量中（这里为 key 和 value）。之前的示例中使用这两个变量来打印每个键及与之相关联的值。print 方法中的"\n"能够确保在输出的每个键值对前都插入一个空行，上述代码的运行结果如下所示。

```
D:\python_learn>python robot.py

Key: Robot
```

```
Value: BB-8

Key: Affiliation
Value: A spherical robot belonging to Resistance

Key: From
Value: Star Wars
```

注意：Python 并不关心键值对的存储顺序，仅遵循键值之间的关联关系。

在 6.2.6 节的示例代码中，字典存储的是不同人的同一种信息，对于类似的字典，遍历其所有的键值对是最合适的。思考一下，遍历该字典将得到忍者神龟 Leo 和老鼠大师 Splinter 的真实姓名和其最中意的食物，由于其中的键皆为名字，而值都是食物名称，因此，这里可以在循环中将形参设置为 turtles 和 foods，而非前一示例中的 key 和 value。希望这个示例可以加深读者的印象，即变量名是可以自定义的。

```
favorite_food = {
    'Leo': 'Beef Burger',
    'Raph': 'Chicken Nuggets',
    'Mikey': 'Fragrant Fish Burger',
    'Don': 'Fragrant Chicken Burger',
    'Master Splinter': 'Chinese Tea'
    }
for turtles, foods in favorite_food.items():
    print(turtles + " 's favorite food is " + foods)
```

上述代码是不是比逐条调用效率高多了呢？来看下运行结果。

```
Leo's favorite food is Beef Burger
Raph's favorite food is Chicken Nuggets
Mikey's favorite food is Fragrant Fish Burger
Don's favorite food is Fragrant Chicken Burger
Master Splinter's favorite food is Chinese Tea
```

即便字典存储的是上亿人的统计结果，这种循环也是适用的。请去图书馆获取一部分数据，当然越多越好，再次测试下这段代码，是不是数据量越大，for 循环在遍历字典数据中的作用越神奇呢？快去试试吧！

6.3.2 遍历所有的键

日常中，有很多应用场景不需要访问完整的键值对，例如，打印接受测试者的姓名以方便统计受试样本数。在不需要使用字典中的值时，函数 keys() 就变得很有用了。下面来遍历字典 programming_language，并将每个受访者的名字一一打印出来。

```
programming_language = {'Tim': 'python',
                        'Joe': 'c++',
```

```
                'Dave': 'c#',
                'Andy': 'ruby'
                }

for name in programming_language.keys():
    print(name.upper())
```

上述代码通过 keys() 函数来提取字典中的所有键,并依次将它们存储到变量 name 中,再使用 print 函数将其打印出来,该程序在终端中所输出的结果如下所示。

```
TIM
JOE
DAVE
ANDY
```

遍历字典时,会默认遍历其中所有的键。因此,如果将上述代码中的 for name in programming_language.keys(): 替换为 for name in programming_language:,其输出的结果将不会有任何改变。

明确的使用 keys() 函数可以使逻辑更加清晰、代码更容易阅读。当然,如果你愿意,为了方便书写,你也可以省略它。

在此类循环之中,可以使用当前键来访问与之相关联的值。接下来打印两条信息,指出 Andy、Dave 最中意的编程语言。这里像前面一样遍历字典中的名字,但当名字为 Andy 和 Dave 时打印一则信息,指出其喜欢的编程语言。

```
programming_language = {'Tim': 'python',
                'Joe': 'c++',
                'Dave': 'c#',
                'Andy': 'ruby'
                }

old_friend = ['Andy', 'Dave']
for name in programming_language.keys():
    print(name.title())
    if name in old_friend:
        print("Dear " + name.title() +
            ", I know your favorite programming language is " +
            programming_language[name])
```

修改之前的代码,在 for 循环模块中,依旧打印每名参与者的名字,但新增了一个 old_friend 列表。此外,增加了 if 判别语句,如果出现列表 old_friend 中的名字,就打印一则信息。为访问字典中的值,这里使用字典名,并将变量 name 的当前值作为键,终端运行结果如下所示。

```
Tim
Joe
Dave
```

```
Dear Dave, I know your favorite programming language is c#
Andy
Dear Andy, I know your favorite programming language is ruby

D:\python_learn>
```

不难看出每个人的名字都被打印了,但只对 old_friend 列表中提到的 Andy 和 Dave 打印一则信息。

在扩展应用中,还可以使用函数 key() 结合 not in 来判定某人是否没有接受本次调查。下面随意定义了一个新的受访者 Sam,其不在之前定义的字典里,即并未接受本次调查的邀约,代码如下所示。

```
programming_language = {'Tim': 'python',
                        'Joe': 'c++',
                        'Dave': 'c#',
                        'Andy': 'ruby'
                        }

if 'Sam' not in programming_language.keys():
    print("Take our poll and let us know what your favorite language, please.")
```

函数 keys() 并非只能用于遍历,事实上,它还会返回一个包含字典中所有键的列表,那么这个问题就变为核实'Sam'是否包含在这个列表之内,事实上它并不包含在内,因此打印一则信息,邀请他参加这个民意调查。

```
Take our poll and let us know what your favorite language, please.

D:\python_learn>
```

6.3.3 按顺序遍历所有的键

字典总是明确地记录键和值之间的关联关系,而在获取字典的元素时,获取顺序通常有可能是无序的。要以特定的顺序获取返回元素,一种合理的方法是在 for 循环中对返回值排序,演示代码如下所示。

```
programming_language = {
    'Tim': 'python',
    'Joe': 'c++',
    'Dave': 'c#',
    'Andy': 'ruby'
    }

for name in sorted(programming_language.keys()):
    print(name)
```

这里提到的排序方法在列表排序中介绍过,即函数 sorted(),结合 keys() 函数的特性,对列表排序的方法理论上也可用来按顺序遍历字典中所有的键,结果也佐证了该想法。

```
Andy
Dave
Joe
Tim
```

这条 for 循环与其他 for 循环在语句逻辑上并无二致,但对语句 dictionary.keys() 的结果调用了函数 sorted()。其通过 for 循环列出字典中所有的键,并在遍历前对这个列表中的元素进行了排序。基于结果不难看出,名字是按照字母顺序打印输出的。

6.3.4 遍历所有的值

如果你感兴趣的是字典中所包含的值,而非其键,则可用函数 values(),其与函数 keys() 类似,它同样会返回一个值列表,而不包含任何的键。这里依旧用之前的代码来举例,测试只调用其值。

```
programming_language = {
    'Tim': 'python',
    'Joe': 'c++',
    'Dave': 'c#',
    'Andy': 'ruby'
    }

print("Some programming languages were mentioned:")
for language in programming_language.values():
    print(language)
```

这条 for 循环提取字典中的每个值,并将它们依次存储到形参变量 language 之中。

```
Some programming languages were mentioned:
python
c++
c#
ruby
```

此种方法提取字典中所有的值,而没有考虑是否有重复值。当涉及的值数量不大时,这也许并不构成大的问题,但如果受访者很多,列表中可能难免包含一定数量的重复项。为剔除这些重复项,可使用 set 函数,即集合,其类似于列表,但每个元素都必须是独一无二的。

```
programming_language = {
    'Tim': 'python',
    'Joe': 'c++',
    'Dave': 'python',
    'Andy': 'ruby'
    }
```

```
print("The result after removing duplicates: ")
for values in set(programming_language.values()):
    print(values)
```

通过对包含重复元素的列表调用 set(),可让 Python 解析器剔除列表中的重复元素,并使用剩余的元素创建一个集合。因此,set()有能力剔除字典中的不同元素。在终端中运行上述程序,其结果剔除了字典中值的重复项,这里被剔除的是'python',请看下面终端中输出的结果。

```
The result after removing duplicates:
python
c++
ruby
```

6.4 嵌套

有时候需要将一系列的字典存储在列表中,或将列表作为值存储在字典中,这称为嵌套。这个功能允许你在列表中嵌套字典、在字典中嵌套列表,甚至在字典之中嵌套字典。

6.4.1 字典列表

前面的例子列举的全是一个字典中包含某一外星人的各种信息,但如何管理成群结队的外星人呢?一种方法是使用嵌套功能,创建一个包含外星人信息的字典列表,即由字典构成的列表,将其命名为 aliens。

这里创建一个包含三个外星人信息的 Python 程序,将其命名为 dictionary_list.py,其代码如下所示。

```
alien_1st = {'feature': 'red', 'scores': 1}
alien_2nd = {'feature': 'green', 'scores': 2}
alien_3rd = {'feature': 'blue', 'scores': 3}

aliens = [alien_1st, alien_2nd, alien_3rd]

for alien in aliens:
    print(alien)
```

首先,在程序中创建 3 个字典,其中每个字典都包含一个外星人的信息。然后,将这些字典名都放到一个名为 aliens 的列表中。最后,用 for 循环来遍历这个列表,并将每个字典信息一一打印出来。终端中该程序的执行结果如下所示。

```
D:\python_learn>python dictionary_list.py
{'feature': 'red', 'scores': 1}
{'feature': 'green', 'scores': 2}
{'feature': 'blue', 'scores': 3}
```

在游戏中通常需要创造很多个计算机角色,这需要代码来高效地生成它们。这里介绍一个新的函数 range()来自动生成 50 个外星人计算机角色,这在游戏中很常见,代码如下所示。

```python
aliens_list = []

for numbers_alien in range(50):
    generate_aliens = {'feature': 'yellow', 'numbers': 9527, 'speed': 'fast'}
    aliens_list.append(generate_aliens)

# Show only the first 10 aliens
for alien in aliens_list[:10]:
    print(alien)

print("\n-------------------------------------------------------------")
print("Total numbers: " + str(len(aliens_list)))
```

上述程序在终端中的运行结果如下所示。

```
{'feature': 'yellow', 'numbers': 9527, 'speed': 'fast'}
{'feature': 'yellow', 'numbers': 9527, 'speed': 'fast'}
{'feature': 'yellow', 'numbers': 9527, 'speed': 'fast'}
{'feature': 'yellow', 'numbers': 9527, 'speed': 'fast'}
{'feature': 'yellow', 'numbers': 9527, 'speed': 'fast'}
{'feature': 'yellow', 'numbers': 9527, 'speed': 'fast'}
{'feature': 'yellow', 'numbers': 9527, 'speed': 'fast'}
{'feature': 'yellow', 'numbers': 9527, 'speed': 'fast'}
{'feature': 'yellow', 'numbers': 9527, 'speed': 'fast'}
{'feature': 'yellow', 'numbers': 9527, 'speed': 'fast'}

-------------------------------------------------------------
Total numbers: 50

D:\python_learn>
```

在这个示例中,创建了一个空列表 aliens_list,用于存储接下来创建的所有外星人。这里使用了方法 range()返回一系列数字,其用途是告诉 Python 解析器要重复多少次循环。每次执行该循环时,皆生成一个外星人 generate_aliens,并将其添加至列表 aliens_list 中。而 for alien in aliens_list[:10]:语句则使用了一个切片来打印前 10 个(0~9)外星人;再使用 print("Total numbers:" + str(len(aliens_list)))语句来打印列表 aliens_list 的长度,以核实确实创建了 50 名外星人。len()语句用于统计 aliens_list 的长度,str()语句则是将计算结果转换为字符串格式,以便于打印输出。

这些外星人计算机角色具有相同的外观特征、编号与移动速度,非常机械。但在 Python 看来,每个外星人都是独立存在的,这使其能够被独立地修改。那么,什么场景中需要处理成群结队的计算机角色呢?其实,在特效电影和游戏中都很常见。构想一下,随着游戏的发展,与玩家对抗的计算机角色速度需要加快,同时新生成的计算机角色要不断改变外观，必要时可以结合使用 for 循环和 if 语句来修改新生成的外星人的肤色和其他信息。举例来讲，修改前面的代码如下所示。

```
aliens = []

for alien_members in range(0, 50):
    generate_aliens = {'feature': 'black', 'numbers': 9528, 'speed': 'medium'}
    aliens.append(generate_aliens)

for alien in aliens[0: 3]:
    if alien['feature'] == 'black':
        alien['feature'] = 'red'
        alien['numbers'] = 9529
        alien['speed'] = 'medium'

for alien in aliens[0: 5]:
    print(alien)
print('--------------------------------------------------')
print("\nTotal number: ------ " + str(len(aliens)))
```

上述程序的运行结果如下所示。

```
{'feature': 'red', 'numbers': 9529, 'speed': 'medium'}
{'feature': 'red', 'numbers': 9529, 'speed': 'medium'}
{'feature': 'red', 'numbers': 9529, 'speed': 'medium'}
{'feature': 'black', 'numbers': 9528, 'speed': 'medium'}
{'feature': 'black', 'numbers': 9528, 'speed': 'medium'}
------------------------------------------------------------
Total number: ------- 50
```

不难发现，与前一段代码相比，本段代码多了 for 循环和一个 if 引导的判别语句。鉴于要修改前 3 个外星人的外观，因此，遍历一个包含这些外星人信息的字典是个好办法。

6.4.2 判定语句扩展

可以进一步扩展 6.4.1 节的循环，将红色外星人先转为绿色再转为蓝色，并改变其编号和行进速度。接下来，本节修改并扩展了前面的代码，另外添加了一个 if 循环，再次修改外星人的肤色，最终输出结果如下所示。

```
{'feature': 'blue', 'numbers': 9532, 'move speed': 'fast'}
{'feature': 'blue', 'numbers': 9532, 'move speed': 'fast'}
{'feature': 'blue', 'numbers': 9532, 'move speed': 'fast'}
{'feature': 'blue', 'numbers': 9532, 'move speed': 'fast'}
{'feature': 'red', 'numbers': 9530, 'move speed': 'slow'}
{'feature': 'red', 'numbers': 9530, 'move speed': 'slow'}
==================================================================
Total: 20
```

下面为本节修改后的代码，对比其与上一节代码，查看这段代码对结果所造成的影响。

```
aliens = []

for aliens_list in range(0, 20):
    generated_aliens = {
        'feature': 'red',
        'numbers': 9530,
        'move speed': 'slow'
        }
    aliens.append(generated_aliens)

for alien in aliens[0: 4]:
    if alien['feature'] == 'red':
        alien['feature'] = 'green'
        alien['numbers'] = 9531
        alien['move speed'] = 'medium'

for alien in aliens[: 6]:
    if alien['feature'] == 'green':
        alien['feature'] = 'blue'
        alien['numbers'] = 9532
        alien['move speed'] = 'fast'
    print(alien)

print("=============================================================")
print("Total: "+ str(len(aliens)))
```

有大量的应用场景要求在列表中包含一定数量的字典，而每个字典都包含特定对象的众多信息。比如说，可能需要为某手机应用的每名注册会员创建一个字典，并将这些复杂的会员信息存储在一个字典之中，并将字典存储于一个列表内。在这个列表中，所有字典的结构都是相同的，所以你可以遍历这个列表，并以相同的方式处理其中的每个字典。

6.4.3 存储列表

既然字典可以被存储在列表中，那列表中的讯息是否可以被存储到字典中呢？答案是肯定的。这恰好满足很多应用场景的需求，例如，描述顾客买的汽车，如果仅使用列表，只能存储要购买的汽车品牌；但如果使用字典，那不仅可以存储品牌，还可以包含其他关于汽车的描述。

下面的示例脚本存储了顾客所购买汽车的两方面信息，即品牌和颜色。这里需要留心列表在字典中的书写语法为'colors': ['black', 'white']。其中，颜色列表是一个与字典 cars 中的键 'colors' 相关联的值。要访问该列表，可以使用 for 循环，示例代码如下所示。

```
cars = {
    'brand': 'Rolls-Royce',
    'colors': ['black', 'white']
    }
```

```
print("The " +
    cars['brand'] +
    " you want to buy is available in the following two colors: "
    )

for colors in cars['colors']:
    print("\n-- " + colors)
```

上述代码的运行结果如下所示。

```
D:\python_learn>python buy_cars.py
The Rolls-Royce you want to buy is available in the following two colors:

-- black

-- white
```

上述代码先创建了一个字典 cars，里面包含了顾客购买劳斯莱斯（Rolls-Royce）可选的颜色。因此，在这个字典中的一个键是'brand'，与之相关联的值是字符串'Rolls-Royce'；另一个键是'colors'，与之相关联的值是一个列表，其中存储了可供选择的颜色。代码概述了"顾客有以下两种颜色可供选择"。为打印配色方案，编写了一个 for 循环。为了访问配色列表，使用了字典名 cars 和其键'colors'，Python 将从字典中提取配色方案，并打印输出 black 与 white。

每当需要在字典中将一个键与多个值相关联时，都可以在字典中嵌套一个列表。6.3.2 节的示例代码中，如果每名同学的答案都不止一个，那实际就构成了一个嵌套了列表的字典。在这种情况下，需要遍历该字典时，其中所包含的每名受访者键与其相关联的值都是一个语言列表，而不仅仅只是一门编程语言。因此，在遍历该类型字典的 for 循环中，通常还需要再嵌套另一个 for 循环来遍历与受访者相关联的编程语言列表，如下所示。

```
programming_languages = {
    'Tim': ['python', 'c', 'c++'],
    'Joe': ['c++', 'ruby'],
    'Dave': ['c#', 'javascript'],
    'Andy': ['ruby', 'haskell']
    }

for name, languages in programming_languages.items():
    print("\n" + name + " 's favorite programming languages are : ")
    for language in languages:
        print(language.upper())
```

与前面的示例不同，在本示例中将每名受访者所关联的值都改为一个列表。而对于处理字典中值为列表的情况，使用了变量 languages 来依次存储字典中的每个值，在遍历该字典的 for 主循环中，又嵌入了另外一个 for 循环来遍历每名受访者所偏爱的语言列表。上述程序的执行结果如下所示。

```
D:\python_learn>python programming_language.py

Tim's favorite programming languages are :
PYTHON
C
C++

Joe's favorite programming languages are :
C++
RUBY

Dave's favorite programming languages are :
C#
JAVASCRIPT

Andy's favorite programming languages are :
RUBY
HASKELL
```

进一步优化这个程序,可在遍历字典中值的 for 循环前嵌入 if-elif 语句,并结合 len(languages)的值来判定受访者喜欢的语言是否有多种,如果喜欢的编程语言大于或等于 2 门,那么维持原输出;而如果小于 2 门的话,修改输出的措辞。优化后的代码如下所示。

```
programming_languages = {
    'Tim': ['python', 'c', 'c++'],
    'Joe': ['c++', 'ruby'],
    'Dave': ['c#'],
    'Andy': ['ruby', 'haskell']
    }

for name, languages in programming_languages.items():
    if len(languages) >= 2:
        print("\n" + name + "'s favorite programming languages are: ")
        for language in languages:
            print(language.upper())
    elif len(languages) < 2:
        for language in languages:
            print(
                "\n" + name +
                "'s favorite programming language is: " + language.upper()
                )
```

注意:列表和字典的嵌套层级也不应过多,如果嵌套层级比前面的示例多得多,则很大概率是有更简单的解决方案。

6.4.4 存储字典

现实生活中难免需要在字典中嵌套另一个字典。如果某个游戏有大量用户,他们有各自独特的用户名和截然不同的注册时间,为了方便管理,可以定义一个字典来管理每位用户的信息。在这个字典中,用户名可作为键,并将各用户讯息以子字典的形式作为与用户名相关联的值。本节代码中,对于每位用户,存储 3 项信息:用户的姓、名与其注册时间。为了方便访问这些用户信息,遍历字典中所有的用户名,并访问与每个用户名相关联的值,即在字典中存储的子字典。新建一个 Python 程序来做这个测试,将其命名为 many_players.py,该示例如下所示。

```
players = {
    'NatanVZ': {
        'First: ': 'Jed',
        'Last: ': 'Taylor',
        'The time of registration: ': 'Feb. 27, 2022'
        },
    'LJX': {
        'First: ': 'Jiaxin',
        'Last: ': 'Lee',
        'The time of registration: ': 'Feb. 24, 2022'
        },
    'VoidArkana':{
        'First: ': 'Darren',
        'Last: ': 'Naish',
        'The time of registration: ': 'Feb. 19, 2022'
        }
    }

for user_names, users_info in players.items():
    print("\nUser name is: " + user_names)
    full_names = users_info['First: '] + "." + users_info['Last: ']
    registration_time = users_info['The time of registration: ']
    
    print("\tFull name is: " + full_names)
    print("\tThe time of regostration is: " + registration_time)
```

上述代码定义了一个字典 players,其中包含 3 个键,即用户名 'NatanVZ'、'LJX' 与 'VoidArkana';而该 players 字典中与每个键(用户名)相关联的值都为一个独立的子字典(这里为方便区分,称为用户讯息字典),其中每个用户讯息字典又包含用户的姓、名与注册时间 3 个键。通过 for 循环来遍历字典 players,使 Python 依次将每个键存储在形参变量 user_names 之中,并依次将与字典 players 的键相关联的值(这里为用户信息字典)存储在变量 users_info 之中。随后,将字典 players 中的用户名 user_names(键)一一打印出来。最后,访问字典 players 内部的子字典。形参变量 user_info 分别访问到了用户讯息字典的键值讯息,而该字典中也包含 3 个键,即'First: '、'Last: '与'The time of registration: '。对于每位用户,都使用这些键来一一生成整洁的姓、名与其注册时间,然后将这些用户讯息分别打印出来,其运行结果如下所示。

```
D:\python_learn>python many_players.py

User name is: NatanVZ
```

```
        Full name is: Jed.Taylor
        The time of regostration is: Feb. 27, 2022

User name is: LJX
        Full name is: Jiaxin.Lee
        The time of regostration is: Feb. 24, 2022

User name is: VoidArkana
        Full name is: Darren.Naish
        The time of regostration is: Feb. 19, 2022

D:\python_learn>
```

这里设定的每位用户字典的结果都相似,使得处理父字典 players 中嵌套的子字典时更加容易。若包含每位用户信息的子字典都各自包含不同的键,那么 for 主循环内部的代码会因嵌套 if-elif-else 语句结构而变得更加烦琐。

6.5 本章小结

本章介绍了 Python 字典的书写语法;如何使用存储在字典中的讯息;如何通过字典名加键名访问和修改字典中的元素值以及如何删除键值对;如何通过 for 循环遍历字典中所有的键值对信息;如何遍历字典中所有的键或所有的值;如何在列表中嵌套字典、在字典中嵌套列表与在父字典中嵌套子字典等。

下一章中,将介绍另外一个编程中常用到的判别语句 while 循环,以及如何在用户那里获取到数据。经过本章的学习后,经读者编写的程序将具备交互性,也就是说其能对用户输入作出回应。

6.6 习题

1. 修改外星人字典。重新定义一个字典,对 6.2.1 节中字典 alien_character 的键值对信息进行修改,拟包含信息有年龄为 125,性别为男,编号为 1111 和肤色特征为黄色,完成后将列表中的每项信息一一打印出来。

2. 语言。新建一个空字典,并在其中添加联合国六大工作语言,即 Chinese、English、French、Russian、Arabic、Spanish,将这些语言作为字典中的键,其对应的值分别是 China、the US、France、Russia、the Arab world、Latin-speaking countries,打印该字典。

(1) 将字典中 English 键的值修改为 the US、the UK,打印查看是否修改成功。

(2) 删除字典中的 English 键和对应的 the US 值,打印查看是否删除成功。

3. 问卷调查。通过问卷来询问身边同学最喜欢的编程语言是什么? 打印每个人的名字和其最中意的编程语言。

4. 科技公司。新建一个名为 science_companies 的字典,其中包含的键为 Intel、Cisco、Google、Facebook、Amazon、Microsoft,其对应的值皆为 the US,使用一个 for 循环将它们一一打印出来,在确定语法无误后,再在词汇列表中添加 3 个新的键——Alibaba、Tencent、

Huawei，其值为 China。

5. 最受欢迎的年度游戏。创建一个新字典，其中存储最受欢迎的六款游戏，分别是 Studio WIldcard 的游戏 Ark：Survival Evolved、Bohemia Interactive Studio（BIS）的游戏 Armed Assault 3、Valve Software 的游戏 DOTA2、Rockstar Games 的游戏 GTAOL、CD Projekt RED 的游戏 Cyberpunk 2077、Overkill Software 和 Starbreeze Studios 的游戏 Payday 2。

（1）使用循环为每款游戏打印一条消息类似"Valve Software's game DOTA2 is a hit."。

（2）使用 for 循环将该字典中每个发行公司的名字都打印出来。

（3）使用 for 循环将该字典中每款游戏的名字都打印出来。

6. 调查。重新编写习题 3，满足以下条件。

（1）创建一个拟计划调查的人员名册。

（2）创建一个在实际调查中，不希望接受调查或不会编程的受访人员列表。

（3）for 循环遍历计划调查的人员名册，对接受调查的人表示感谢，对未参与调查的人，则打印"Python 大法好！"。

7. 名人。创建 3 个名人字典（孔子、佛祖、耶稣），然后将这 3 个字典都存储在一个名为 famous_person 的列表中。遍历这个列表，将其中每个人的所有信息都打印出来，信息包括但不限于姓、名和出生地。

8. 宠物狗。创建一个名为 pet_dog 的空列表，使用方法 range() 为空列表添加 10 个字典元素，该字典的键包含宠物狗的颜色、年龄、品种和产地，使用 for 循环嵌套 if 语句来修改列表中前 2 个字典元素的基本信息，最后打印列表中的前 4 个字典元素，确认前 2 个已经被成功修改。最后，打印列表中字典元素的个数，核对下是否为 10。

9. 歌手。创建 4 个包含歌手姓名与其代表作品的字典。将这些字典存储在一个名为 song_singers 的列表中，使用 for 循环来遍历该列表，并将其中歌手的所有信息都一一打印出来。

10. 最中意的大学。创建一个名为 favorite_universities 的字典，将 4 个人的名字用作键。对于其中的每个人，都存储其最中意的 1~3 所大学。使用 for 循环来遍历整个字典，并嵌套 if-else 语句来判定其中意的学校数量，若只有一所则打印"\n"+ names +"'s favorite university is：**"，否则的话指出"\n"+ names +"'s favorite universities are：**"。

11. 最喜欢的数字。统计一下同学们最喜欢的数字有哪些。新建一个名为 favorite_numbers 的字典，然后将每个人的名字作为键，其喜欢的数字以列表的形式作为值，使用 for 循环来访问整个字典，并指出每名同学最喜欢哪些数字。

12. 国家。创建一个名为 countries 的大字典，任意定义 3 个国家作为 countries 的键。对于每个国家，都创建一个小字典作为其值，并在其中存储该国家著名的江河、山脉、人口数量与流通语言。将每个国家的名字以及对应的江河、山脉、人口数量与流通语言的信息打印出来。

第7章 Input()函数与while循环语句

在实际应用中,用户对应用程序表达意见以及程序做出回应并解决问题是十分普遍的。为此,需要在用户那里获取一定的输入数据。例如,某些游戏含有血腥暴力等元素,不适合未成年人,因此就需要判断用户是否达到合适的年龄从而加以限制,要完成这个判定,需要了解用户的年龄信息。因此,该情况下需要用户注册并输入其真实年龄,程序将其与满足要求的年龄进行比对,以判定用户是否在合理的年龄区间内,从而决定是否允许成功注册账号。

本章将介绍如何能够使用户输入数据,并对输入的数据进行相应处理。当需要用户输入姓名或一系列名单时,程序能够支持完成相应操作。为此,需要引入input()函数。除此之外,还将介绍如何使程序持续运行,使用户能不断地输入数据直至触发指定的条件。为此,还需要介绍while语句来让程序不断地运行。通过获取的输入数据,能够管控程序的运行时间,从而使编写出的程序具备交互性。

7.1 input()函数

input()函数能使脚本暂停运行,并等待数据输入。待获取输入数据后,脚本将数据存储于相应的变量中,以便于调用。下列示例允许用户输入文本数据,并能够将用户输入的文本数据呈现在终端中。

```
queen = input("Mirror tells me who is the most beautiful woman in the world？")
print(queen)
```

运行上述程序,终端中的执行结果如下所示。

```
D:\python_learn>python magic_mirror.py
Mirror tells me who is the most beautiful woman in the world？_
```

代码结尾有个闪烁的提示符,希望用户告知"魔镜"你最期待的结果是什么,输入You,并单击键盘上的Enter键,运行结果如下所示。

```
D:\python_learn>python magic_mirror.py
Mirror tells me who is the most beautiful woman in the world？ You
You    ①

D:\python_learn>
```

下面分析其工作原理，input()函数接收到一个文本参数，其将打印提示、说明文本，以告知用户接下来该如何操作。当运行脚本第 1 行代码时，命令行打印提示："Mirror tells me who is the most beautiful woman in the world？"，并于问句末尾出现闪烁的提示符，等待用户输入答案。输入被存储在变量 queen 中，待用户单击 Enter 键后，程序继续运行 print(queen)，将用户输入的数据，再次呈现出来。

7.1.1 清晰的提示

每当使用 input() 函数时，都应指定清晰、明了的提示，以准确地指出希望用户提供什么样的信息，这里新建了一个程序，其内容如下所示。

```
appellation = input("Enter your appellation: \n -- ")
print("Congratulations on your successful registration " + appellation + ".")
```

运行程序的结果如下所示。

```
D:\python_learn>python responder.py
Enter your appellation:
--
```

在命令行中，清晰地打印出一句"Enter your appellation："，该句话希望用户提供自己的称谓。可以在闪烁的输入符后键入 Davison，并单击键盘上的 Enter 键，运行结果如下所示。

```
D:\python_learn>python responder.py
Enter your appellation:
-- Davison
Congratulations on your successful registration Davison.
```

提示对于输入型的程序不可或缺，当提示文本超过一行时，可以将提示存储在一个过渡变量中，再将该变量传递给函数 input()。基于此，即便提示文本超出一行，代码也依旧非常清晰，示例代码如下所示。

```
message = "\nWe need to check your age to make sure it meets the requirements."
message += "\nHow old are you？"

age = input(message + "\nPlease write here: ---\t")
print("Congratulations on your successful registration !")
```

上述程序第 1 行将提示的前面部分存储在一个名为 message 的过渡变量中；第 2 行，使用 += 运算符在 message 中的字符串末尾处附加另外一个字符串。最终提示得以横跨两行，终端中运行上述程序所得到的结果如下所示。

```
We need to check your age to make sure it meets the requirements.
How old are you？
Please write here: ---
```

这里演示了创建多行字符串的方法。上列终端中的输出中,第一行指出需要审查您的年龄以确保您符合要求,第二行询问用户的年龄,这里在第三行闪烁的提示符后输入 18,并单击 Enter 键,运行结果如下所示。

```
We need to check your age to make sure it meets the requirements.
How old are you ?
Please write here: --- 18
Congratulations on your successful registration !
```

7.1.2　int()函数的功能

使用 input()函数时,Python 将用户输入默认解读为字符串类型。下面编写一段实验代码,并使用 type()函数来解读用户输入的数据类型。

```
ages = input("How old are you? ")
print(type(ages))
```

运行结果如下,在提示符后输入数字 18。

```
How old are you? 18
```

单击 Enter 键,打印出 Python 默认解读的 ages 中的数据类型。

```
How old are you? 18
<class 'str'>
```

由上列输出可知,Python 默认读取的用户输入 ages 为'str',即字符串类型(string)。如果只将输入文本作为结果打印,这并不构成任何问题,但如果试图对输入数据进一步操作,则会引发报错,如下所示。

```
How old are you? 18
<class 'str'>
Traceback (most recent call last):
  File "responder.py", line 12, in <module>
    age <= 18
TypeError: '<=' not supported between instances of 'str' and 'int'

D:\python_learn>_
```

如果试图用输入数据进行比较运算时,会提示类型错误,内容为 TypeError: '<=' not supported between instances of 'str' and 'int',其中 str 为字符串类型;int 为整型(integer)。这是因为 input()函数返回的数据类型是 str 类型,不能直接和整数进行比较,必须先把 str 转换成整型 int。

那么如何转换 input()函数返回的数据类型呢?可以使用 Python 的 int()函数,能够将数字的字符串表示转换为数值表示。

延续使用前面的示例,对其进行扩展,使用int()函数对用户输入的数据进行转换,再比较大小,发现之前会报错的程序成功运行了,再次使用type()函数提取变量age的类型并打印出来,可以看到数据类型被转换为int型了,示例代码如下所示。

```
age = int(input("How old are you ?\n"))

if age >= 18:
    print("\nWelcome to register as a member!")
else:
    print("\nSorry, you are not of legal age.")
```

运行上述程序,输入数字18,再单击Enter键。

```
D:\python_learn>python age.py
How old are you ?
18

Welcome to register as a member!
```

7.1.3　求模运算

模运算在数论和程序设计中皆有着广泛的应用,从奇偶数到素数的判别,从模幂运算到最大公约数的求法,从孙子问题到凯撒密码问题,无不充斥着模运算的身影。虽然很多数论教材上对模运算都有一定的介绍,但多数都是以纯理论为主,对于模运算在程序设计中的应用涉及不多。

说到程序设计中的求模运算,求模运算符(%)是不得不提到的工具,它能够将两个数字相除并返回其余数,来看一组求模运算的示例。

```
print(4 % 2)
print(5 % 2)
```

上述代码分别对整数4与5进行了求模运算,终端中其结果显示如下所示。

```
0
1
```

求模运算并不是倍数运算,并不会取得倍数,而是求出余数并将其返回。若一个数可被另外一个数整除,其余数为0,求模运算的返回值为0,可以常利用这一点来判断一个数是奇数还是偶数。注意:取模运算和取余运算这两个概念相似但又不完全一致,二者的主要区别在于对负整数进行除法运算时操作不同。取模主要是用于计算机术语中,取余则更多是数学概念。

下边是一组示例,通过模运算来判断一个数为奇数还是偶数。众所周知,在数学概念中,凡能被2整除的数都叫偶数,因此,对一个数和2执行求模运算后,如果其返回值为零,那么这个数就是偶数,否则为奇数,示例代码如下所示。

```
number = "Please enter a number and we will tell you if it is odd or even."
number += "\nplease enter here: "
modulo_operation = int(input(number))

if modulo_operation % 2 == 0:
    print("\nThe " + str(modulo_operation) + " is even.")
else:
    print("\nThe " + str(modulo_operation) + " is odd.")
```

运行脚本,首先输入数字 35,显示为奇数,结果如下。

```
Please enter a number and we will tell you if it is odd or even.
please enter here: 35

The 35 is odd.
```

再次运行脚本,输入数字 36,显示为偶数,结果如下。

```
Please enter a number and we will tell you if it is odd or even.
please enter here: 36

The 36 is even.
```

7.2 while 循环

while 循环语句与前面接触的 for 循环没有本质上的区别,都是编程语言中常见的循环方式。while 循环会设置一个满足循环的条件,多用于不容易预知循环次数的循环。典型的例子就是求最大公约数使用的辗转相除法,虽然知道循环结束的条件,但不易预知循环的次数。而 for 循环常用于能预知循环次数的循环,例如遍历等差数列、遍历字符串、遍历列表、遍历字典等运算。

7.2.1 while 循环的用途

针对前面提到的 while 循环的特点,使用 while 循环来做一组实验,其内容如下所示。

```
intialValue = 1
while intialValue <= 100:
    print(intialValue)
    intialValue += 1
```

将 intialValue 赋值为 1,从而指定从数字 1 开始数。接下来的 while 循环则被设置为只要 intialValue 小于或等于 100,就始终接着运行这个循环语句,并在循环中不断打印输出 intialValue 的值,再使用语句 intialValue += 1,使其每次不断累加 1。只要满足条件 intialValue 小于或等于 100,程序会持续运行这个循环。当 intialValue 大于 100 时,循环停止,整个程序也将到此结束。注意,语句 intialValue += 1 的含义是,只要循环还满足小于或等于100的条件就不断地累加1，直到条件不能得到满足，才会退出while循环。

第3行有一句代码用于打印intialValue的值，为什么要在第3行打印intialValue的值呢？如果调换代码第3行和第4行，这是否会对脚本运行结果造成影响？来看下一组测试。

```
intialValue = 1
while intialValue <= 100:
    intialValue += 1
    print(intialValue)
```

这里将intialValue += 1与print(intialValue)两句调换了位置，读者也可以尝试下修改程序，观察其对运行结果造成的变化。

实际上，打印intialValue这行代码也是这个程序架构的灵魂，如果将其和intialValue += 1调换位置，则会先执行累加操作，从而导致第一个输出值为2，而非1，以此类推，最终的输出值为101，而非题目要求的100。

读者可以揣摩上述示例在调换这两句代码后对运行结果产生的影响，从而充分理解while语句是如何有效工作的。将代码改回来，再次运行源代码，运行结果会将1~100这一百个自然数依次列出。

while循环和for循环在编程世界中有着举足轻重的地位，在对日常问题建模时，难免会涉及while循环语句。举例来讲，在游戏中使用while循环语句，能够有效保障游戏在玩家想玩时持续地运行，并在玩家想结束时即刻停止。如果程序在用户没有让它退出时停止运行，或者在用户想要结束时仍在继续运行，那就非常糟糕了。因此，while循环是十分有用的，应引起足够的重视。

7.2.2　while循环与用户交互

本节介绍如何使用while语句来完成一次与用户的有效互动，使程序在用户的要求下持续不断地运行，并在用户想要结束时即刻停止。如下所示，在其中定义了一个"触发器"，只要用户未触发这个条件，程序就会持续运行。

```
robot = "\nI will learn what you tell me, and repeat again."
robot += "\nPlease enter '#' to end this conversation: "
trigger = " "
while trigger != '#':
    trigger = input(robot)
    print(trigger)
```

运行上述程序，其结果如下所示。

```
D:\python_learn>python trigger.py

I will learn what you tell me, and repeat again.
Please enter '#' to end this conversation: Hello world
Hello world

I will learn what you tell me, and repeat again.
```

```
Please enter '#' to end this conversation: You are so good
You are so good

I will learn what you tell me, and repeat again.
Please enter '#' to end this conversation: Okay, we stop here today.
Okay, we stop here today.

I will learn what you tell me, and repeat again.
Please enter '#' to end this conversation: #
#
```

与 for 循环语法类似,这里要在 while 循环语句结尾处添加冒号结束,否则就会出现如下所示的报错。

```
D:\python_learn>python trigger.py

D:\python_learn>python trigger.py
  File "trigger.py", line 4
    while trigger != '#'
                        ^
SyntaxError: invalid syntax
```

上述程序的第 1、2 行中,定义了两条提示信息,告诉用户其与机器人 robot 有两项交互方式:输入信息教机器人讲话或输入'♯'号键结束对话。接着,创建了一个名为 trigger 的中转变量,用于存储用户临时输入的值,因此为变量 trigger 的初始值申请了一个空字符串。这是因为 Python 每次执行 while 语句时,都会将 trigger 里面临时存储的值与'♯'进行比对,但初始运行程序时如果用户没有输入操作,会导致 trigger 没有可比较的对象,Python 将无法继续运行程序。为解决此问题,需要为 trigger 指定一个初始值,即便初始值只是一个空字符,但符合要求,让 Python 能继续执行 while 循环所需的比较。只要用户不输入'♯'号键,这个循环就不会中断运行。

初次执行这个循环时,trigger 是一个空的字符串,因此 Python 得以成功进入到这个循环中,执行 trigger = input(robot)这句代码。Python 显示 robot 字符串中的信息,提出要求,等待用户的下一步指令。不论用户输入什么,都将存储在变量 trigger 中并打印出来;接下来,Python 将重新检查 while 循环中的条件。只要用户未输入'♯',Python 就将再次显示提示信息并等待用户的新指令。等到用户输入'♯'号键后,Python 随即停止循环,整个程序也执行完毕。至此,基本的需求已经达到,但程序仍存在些许不足。要知道,编辑程序是一门艺术,需要使程序功能清晰、运行流畅、结构简洁并且格式工整。因此,还需要着手修复程序中最后一次输入时,将退出键'♯'作为消息打印这一不足,这使得程序并不完美。可以借助 if 语句来做一轮判别,当且仅当输入内容不为'♯'时,才打印用户输入的信息。

```
robot = "\nI will learn what you tell me, and repeat again."
robot += "\nPlease enter '#' to end this conversation: "
trigger = " "
while trigger != '#':
    trigger = input(robot)
```

```
    if trigger != '#':
        print(trigger)
```

现在再次测试上述程序,运行结果如下所示。

```
D:\python_learn>python trigger.py

I will learn what you tell me, and repeat again.
Please enter '#' to end this conversation: Hello
Hello

I will learn what you tell me, and repeat again.
Please enter '#' to end this conversation: #

D:\python_learn>
```

输入'♯'号后程序直接结束,并未再将'♯'作为消息打印出来。这里的 if 语句在显示消息前会进行审查,仅在消息非'♯'号键时才打印它们。

7.2.3 标志的使用

前面的示例中,令程序在满足特定条件时执行相应的任务,但是在应对更复杂的问题时,诸多事件皆有可能导致程序停止运行,如仅仅通过一条 while 语句来检查所有这些条件,将既困难又复杂。那么应对这种情况时,该如何处理呢?

在要满足诸多条件才能持续运行的程序中,可定义一个变量,用于判断整个程序是否处于活跃状态,此变量可被称为标志,其可被理解为程序的"交通信号灯",你可安排程序在标志为 True 时运行,而在任何事件导致值为 False 时,使程序停止运行。这样,复杂问题被简单化处理——只需要通过 while 语句来检查一个条件,即标志的当前状态是否为 True,并将所有测试(是否发生了应将标志设置为 False 的事件)放在其他地方,从而有助于代码更加高效整洁。

下面来看一组关于标志的示例。新建程序并为其添加一个标志,命名为 catalyzer,它将用于判断程序是否应该继续运行。

```
robot = "\nI will learn what you tell me, and repeat again."
robot += "\nPlease enter '#' to end this conversation: "

catalyzer = True
while catalyzer:
    trigger = input(robot)

    if trigger == '#':
        catalyzer = False
    else:
        print(trigger)
```

运行上述程序,结果如下所示。

```
D:\python_learn>python new_trigger.py

I will learn what you tell me, and repeat again.
Please enter '#' to end this conversation: Hello
Hello

I will learn what you tell me, and repeat again.
Please enter '#' to end this conversation: I see
I see

I will learn what you tell me, and repeat again.
Please enter '#' to end this conversation: #

D:\python_learn>_
```

程序中将变量 catalyzer 设定为 True，这使程序初始处于活跃的状态。这有助于简化 while 循环，因为不再需要在 while 循环内部做任何比较，相关的比较任务则由程序的其他部分来处理。只要变量 catalyzer 为 True，循环就将持续运行。

在 while 循环中，在用户输入后使用一条 if 语句来判断变量 trigger 的值。如果用户输入的是'#'号，就将变量 catalyzer 设置为 False，这将导致 while 循环无法继续执行。如果用户输入的不是'#'号，就将用户临时输入的内容当作一条信息打印出来。

这个添加标志的程序与前面的程序功能一致。在前一个示例中，将条件检测直接放在了 while 循环中，而在这个程序中，引入了一个标志来指示程序是否处于活跃状态，如果要添加测试，即补充额外的 elif 语句来检查是否发生了其他导致 catalyzer 变为 False。在诸多事件皆会导致程序停止运行的情况下，标志是十分有用的，即在任意一个事件导致标志属性转变为 False 时，主程序循环即刻退出，并显示一条程序停止的资讯，以告知用户是否选择重玩。

7.2.4　break 语句

如果用户需要立即退出 while 循环，可使用 break 语句，其可用于控制程序流程，可使用它来控制哪些代码行不执行，从而让程序遵循你的要求执行你要执行的代码。

定义新程序，当用户输入'#'号后，使用 break 语句即刻退出 while 循环语句。

```
messages = "\nPlease enter your name."
messages += "\nTo exit press '#' key:\n"

while True:
    staging_data = input(messages)

    if staging_data == '#':
        break
    else:
        print("I am " + staging_data + ".")
```

上述程序中，从 while True 开始的循环将持续运行，直到触发 break 语句的条件。这个程序中的循环将满足用户持续输入用户名的需求,直至输入'#'号,触发 break 语句,致使程序退出整个 while 循环,终端中执行的结果如下所示。

```
D:\python_learn>python improved_trigger.py

Please enter your name.
To exit press '#' key:
    Davison Wong
I am Davison Wong.

Please enter your name.
To exit press '#' key:
    #

D:\python_learn>_
```

注意:与 C 语言类似,Python 中的 break 语句也常被用于打破最小封闭 for 和 while 循环。

break 语句能够即刻终止循环。也就是说,即使循环条件尚未满足 False 条件或循环目前还未被完全递归完毕,亦能够即刻停止继续执行该循环。此外,除将 break 语句用于 while 循环,亦可用于退出遍历字典或列表的 for 循环;判定条件是否得到满足的 if 语句循环。

如若使用嵌套循环,那么 break 语句将停止执行更深层的循环,并开始执行下一行代码。

7.2.5 continue 语句

continue 语句用于重返循环开头,并依照条件测试的结果来判定是否继续执行该循环。不同于 break 语句跳出整个循环,continue 语句仅跳出本次循环。来看一组示例,用于打印 0~20 中的所有偶数。

```
numbers = -1
while numbers < 20:
    numbers += 1

    if numbers % 2 != 0:
        continue

    print(numbers)
```

上述程序中,将 numbers 赋值为−1,由于其小于 20(条件为 True),Python 得以激活 while 循环。激活 while 循环后,以 1 为步长往上数,此时 numbers 大小为 0。接下来,通过 if 语句检查 numbers 与 2 求模后的结果是否不为 0,若是,则意味着当前数不能被 2 整除,即为奇数,随即执行 continue 语句,让 Python 忽略余下的打印命令,返回开头,重新检查下一个数。若为 0,则意味着当前数可被 2 整除,即为偶数,则打印输出。上述程序的输出结果如下所示。

```
D:\python_learn>python even_number.py
0
2
4
6
8
10
12
14
16
18
20

D:\python_learn>_
```

7.2.6 规避无休止的循环

while 循环语句必须要有停止其执行的措施,这样才不会无休止地无限循环下去。来看一组示例,依然是数数,从 1 数到 6,示例代码内容如下所示。

```
A = 1
while A <= 6:
    print(A)
    A += 1
```

运行测试上述程序 accumulating.py,其输出的结果如下所示。

```
D:\python_learn>python accumulating.py
1
2
3
4
5
6

D:\python_learn>_
```

如果遗漏语句 A += 1,则循环会变为永续,下面用 # 号注销这段代码。

```
A = 1
while A <= 6:
    print(A)
    # A += 1
```

再次运行测试程序,这里 A 的初始值为 1,但并不会改变,因此 A <= 6 这一测试条件始终满足(True),直接致使 while 循环无休止地打印 1。

在 Windows 的终端中测试带有无限循环的 Python 程序时,如果要终止,可用 Ctrl+Pause/Break 组合键。如果键盘配备 FN 功能键则可能要使用 Ctrl+Fn+Pause/Break 组合键,来退出此无休止循环,Linux 中则可用 Ctrl+D 组合键。

注意:几乎所有的程序员都有可能不小心编写出死循环,特别是当循环的退出条件比较微妙时。若程序陷入死循环中,可按 Ctrl+C 终止程序,或直接关闭显示程序输出的终端窗口。若要避免编写死循环,请务必对每个 while 循环进行测试,以确保它能按照预期结束。若读者希望程序在用户输入特定信息时结束,则输入类似值,当程序仍未停止时,请检查程序处理这个值的方式,确保程序至少有一处这样的地方能让循环条件为 False 或让 break 语句得以执行。

此外,有些编辑器(sublime text)内嵌了输出窗口,这可能导致难以结束死循环,因此不得不关闭编辑器来强制结束无限循环。

7.3 while 循环处理列表与字典

直至目前,示例程序每次都只能处理一项用户的信息,即获取输入数据再将其打印出来或作出应答,要再次执行循环,才能继续处理另外一个值。如果要处理大批用户的信息,则需在 while 语句中使用字典与列表。

for 循环常被用于遍历列表,但不被提倡在此循环中修改列表,因为这样将会导致 Python 难以跟踪其中的元素。如果要在遍历列表的同时对其进行修改,则可以使用 while 循环语句。通过将 while 循环同列表或字典结合使用,可用于收集、存储并组织大量的用户输入,以供查阅。

7.3.1 列表间移动元素

假设有一个列表,其中有新注册而未经验证的一些用户,这些用户经验证后,将被移至另一个已验证的用户列表中。可行的措施就是利用 while 循环语句,在验证用户的同时将其从未验证过的用户列表中提取出来,再添加至一个已验证过的用户列表中,示例代码如下所示。

```
# Create a list of customers to be confirmed.
## An empty list to save the confirmed customers.
unconfirmed_customers = ['andy', 'davison', 'may']
confirmed_customers = []

# Confirm every customer, until all the people are confirmed.
# Move confirmed customers to an empty list.
while unconfirmed_customers:
    stack = unconfirmed_customers.pop()
    
    print("verifying your identity: " + stack)
    confirmed_customers.append(stack)

print("\nThe customers have been confirmed: ")
for confirmed_customer in confirmed_customers:
    print(confirmed_customer)
```

创建一个未经验证的用户列表 unconfirmed_customers，其中包含 andy、davison、may 3 个新用户（列表元素）。另外创建一个空列表 confirmed_customers，用于储存已验证的用户。while 循环将持续运行，直至列表 unconfirmed_customers 为空。通过 pop() 以一次一个的方式，逐渐删除列表 unconfirmed_customers 末尾的元素，这些元素允许被继续接着使用。将 pop() 删除的每一个元素，存储到变量 stack 中，再相继添加到已验证用户列表 comfirmed_customers 之中。接下来，打印一条消息"verifying your identity："并使用函数 append() 将 pop() 删除的元素相继添加至列表 comfirmed_customers 中。unconfirmed_customers 列表中的元素越来越少，直至 unconfirmed_customers 列表为空后结束该循环。最后，再通过 for 循环遍历并打印 confirmed_customers 列表中的元素。终端中运行该程序的结果如下所示。

```
D:\python_learn>python vip_customer.py
verifying your identity: may
verifying your identity: davison
verifying your identity: andy

The customers have been confirmed:
may
davison
andy

D:\python_learn>
```

7.3.2　删除列表元素中的所有特定值

在 3.2.3 节中，使用 remove() 函数来删除列表中单一特定的元素值。其之所以可行，也是因为待删除的值在列表中仅出现过一次。但如果特定元素在列表中多次出现，如何统一删除呢？可以使用一个 while 循环，如下所示。

```
numbers = [1, 5, 8, 6, 4, 0, 7, 1, 3, 1, 1]
print(numbers)

while 1 in numbers:
    numbers.remove(1)

print(numbers)
```

创建一个名为 numbers 的列表，其中包含数个重复的元素 1。在打印此列表后，Python 得以执行 while 循环，因为检索到 1 在列表 numbers 中至少出现过一次。因此，令 Python 解析器使用 remove() 函数来删除第一个 1 并返回到 while 循环伊始，然后发现 1 仍包含在列表 numbers 中，故再次进入循环，直至值 1 不再包含在此列表之中，退出 while 循环并再次打印 numbers。在终端中运行上述程序，其执行结果如下所示。

```
D:\python_learn>python duplicate_value.py
[1, 5, 8, 6, 4, 0, 7, 1, 3, 1, 1]
[5, 8, 6, 4, 0, 7, 3]

D:\python_learn>_
```

7.3.3 用户输入填充字典

除列表外,也可以使用 while 语句来提示用户输入任意数量的数据信息。创建一个新程序,其中的 while 循环在每次执行时皆会要求输入被调查者的名字与问答信息,将收集到的数据存储在字典 responses 中,以便将答案与被调查者相互关联。

```python
responses = {}

active = True
while active:
    name = input("\nWhat's your name?")
    reply = input("What type of computer can be used for machine learning?")
    
    responses[name] = reply
    
    repeat = input("Do you want another person to participate in the" +
        " questionnaire?(y/n)")
    
    if repeat == 'n':
        active = False

print("\n--------------------------------------------------------")
for name, reply in responses.items():
    print(name + " favorite " + reply + ".")
```

执行该程序,遵照提示,输入一些用户名与回答,其在终端中的输出如下所示。

```
D:\python_learn>python favorite_computer.py

What's your name? Andy
What type of computer can be used for machine learning? iMac
Do you want another person to participate in the questionnaire? <y/n>y

What's your name? Davison
What type of computer can be used for machine learning? Lenovo
Do you want another person to participate in the questionnaire? <y/n>n

--------------------------------------------------------
Andy favorite iMac.
Davison favorite lenovo.

D:\python_learn>_
```

上述程序定义了一个空字典 responses，并设置了一个名为 active 的标志，用于指示 while 循环是否继续。若 active 为 True，则 Python 始终执行 while 循环中的代码。在这个 while 循环中，用户被要求输入其用户名和其认为最适用于机器学习的计算机。这些信息将会被存储在字典 responses 中，然后询问用户是否还有其他人参与问卷？答案为 yes 或 no(y/n)。若用户输入 y，程序将再次进入 while 循环；若用户输入 n，while 循环将就此结束。

7.4　本章小结

本章介绍了通过函数 input() 来使用户输入其信息；处理文本和数字输入，以及使用 while 循环让程序遵照用户的要求持续地运行；多种控制 while 循环流程的方式，包括设置标志、使用 break 以及 continue 语句；使用 while 循环在两个列表间移动元素，以及从列表中一一删除所有特定值的元素；结合使用 while 循环和字典。

在下一章中，还将介绍函数这一新概念。函数使用户能够将完整的程序拆分为诸多部分，每部分都负责一项具体的任务。用户可根据需求调用同一个函数任意次，也可以将函数存储在独立文件中。使用函数可以令用户编写程序的效率更高、程序更易于维护与排障，一个好的函数也可在众多不同的程序中被重复使用。

7.5　习题

1. 计算机推荐。编写一段程序，向销售经理询问："设计师适合使用什么类型的计算机？"并打印一条信息，内容为"I recommend choosing the Apple iMac"。

2. 买车。编写一段程序，自动询问客户想买几座的小轿车。如果客户想买 5 座的小轿车，则推荐一辆 sedan 给客户；若客户想买大于 5 座的小轿车，则推荐 7 座 Sports Utility Vehicle(SUV)。

3. 数字 3 的整数倍。允许用户输入一个数字，编写程序来判断其是否为自然数 3 的倍数。

4. 外卖配餐服务。编写一个 while 循环语句来帮助用户点餐，并以♯号键结束对话。每当用户输入一种餐品，都需要打印一条消息，以避免遗漏。

5. 新冠肺炎核酸检测。到医院接受核酸检测，医院会根据年龄和是否为本社区居民而相应索取不同的预约费用，18 岁以下或 65 岁以上为免费，其余年龄段需缴纳 40 元，若为医院所在辖区的居民则优惠 50%。编写一个 while 循环，来询问患者年龄、是否为本社区居民，并指出其预约费用为多少。

6. 重复练习。以另一种方式再次完成练习 4 与练习 5，并在程序中采用下列所有提到的方法。

(1) 在 while 循环语句中使用条件测试结束循环。

(2) 使用标志 indicator 控制循环结束。

(3) 使用 break 语句在用户输入"♯"号时退出循环。

7. 死循环。设计一个无休止的死循环并运行它。

8. KFC 点餐。创建一个列表，将其命名为 KFC_menu。KFC_menu 包含多种菜品（Original Recipe Chicken、Extra Crispy Chicken、Kentucky Grilled Chicken、Crispy Colonel Sandwich、Secret Recipe Fries、Mashed Potatoes & Gravy），再创建一个名为 bill 的空列表。遍历列表 KFC_menu，对于其中的每种菜品皆打印一条信息，并将其移动至列表 bill 中。所有菜品准备妥当后，将这些菜品一一罗列出来。

9. 删除菜品。继续使用本章习题 8 中的列表 KFC_menu，并确保 Extra Crispy Chicken 在其中出现多次，在程序开头指出 Extra Crispy Chicken 已经卖完，并使用 while 循环将列表 KFC_menu 中的 Extra Crispy Chicken 依次删除。

10. 最喜欢的手机。编写一个程序，调查用户最喜欢什么品牌的手机。使用"What's your favorite brand of mobile phone？"的提示，编写一个用于打印调查结果的代码块。

第 8 章 函 数

函数是组织好的、可供重复使用的、用于实现单一或相关联功能的代码段。函数能够提高程序的模块性与代码的可利用率。前面已经介绍过 Python 提供的许多内建函数,例如 print()函数。事实上,读者也可以自己创建函数,其被称为用户自定义函数。

如果要执行特定任务,可调用该任务的特定函数。此外,需要在程序中多次执行同一任务时,也无须反复编写完成该任务的代码,而只需要调用执行该任务的自定义函数。熟练使用函数可使程序的编写、阅读、测试与修复都更加容易。

本章还将介绍向函数传递信息的方法,例如,编写任务为显示信息的函数,以及用于处理数据并返回一个或一组值的函数。还将学习如何将函数存储在被称为模块的独立文件中,从而使主程序文件的组织更为有序。

8.1 定义函数

自定义一条名为"hello_world()"的简单函数,用于问候大家。新建一个测试程序,详细代码如下所示。

```python
def hello_world():
    """Sincere Regards"""
    message = "Do you like coding?(y/n)"
    while True:
        stack = input(message)
        if stack == "y":
            print("Hello World !")
            break
        else:
            break

hello_world()
```

上述程序展示了一个简单的函数结构。函数代码块以关键词 def 开头,后接函数标识符名称和圆括号()。这是函数定义向 Python 指出了函数名,还可以在圆括号内指出函数为完成特定任务需要什么样的信息,任何传入参数和自变量必须放在圆括号内,可以用于定义参数。这里,函数被命名为 hello_world(),其不需要任何附加讯息便能完成工作,所以其括号内为空。即便是这样,圆括号也是不可或缺的。最后,函数定义应以冒号结尾。

紧跟在 def hello_world():下面的所有缩进构建了函数体。程序第 2 行的文本被称为文档字符串(docstring)的注释,其被用于描述函数的功能。文档字符串用三对引号括起,可用于生成描述有关程序的函数功能的文档,被其括起的代码段将不被执行。

若要完成特定任务,可调用该函数,方法为依次指定函数名以及用括号括起的必要信息。鉴于该函数不需要额外信息,因此调用它时仅需输入 hello_world() 即可。在终端中运行程序所得的结果如下所示。

```
D:\python_learn>python extend_greeting.py
Do you like coding?(y/n) y
Hello World!

D:\python_learn>python extend_greeting.py
Do you like coding?(y/n) n

D:\python_learn>
```

8.1.1 向函数传递信息

接下来,尝试在函数的圆括号内指出函数为完成特定任务所需要的额外讯息。在这里对前面的示例进行修改,让函数不仅致以问候,也能将用户名字作为其抬头。为此,可在函数定义 def hello_world(): 的括号中添加 username 属性,作为其形参。通过在括号中增添 username,就可在调用中令函数接受给 username 指定的任意值。

现在,再调用函数 hello_world() 时,就需要将一个用户名传递给它,才能成功调用,代码如下所示。

```
def hello_world(username):
    """Sincere Regards"""
    message = "Do you like coding?(y/n)"
    while True:
        stack = input(message)
        if stack == "y":
            print(username.title() + "Hello World !")
            break
        else:
            break

hello_world("davison ")
```

代码 hello_world("davison") 调用函数 hello_world(),并向它提供执行 print 语句所需的讯息。该函数接受传递给它的实参名字,并向 Davison 致以诚挚问候。

```
D:\python_learn>python extend_greeting.py
Do you like coding?(y/n) y
Davison Hello World!

D:\python_learn>_
```

如果调用函数 hello_world() 时未传递实参,则会报如下 TypeError 错误。

```
D:\python_learn>python extend_greeting.py
Traceback (most recent call last):
  File "extend_greeting.py", line 12, in <module>
    hello_world()
TypeError: hello_world() missing 1 required positional argument: 'username'

D:\python_learn>a_
```

同样,可以根据需要调用任意次函数 hello_world(),调用时无论传递什么样的实参名字,都会获得相应的输出。

8.1.2 实参与形参

前面定义函数 hello_world(username)时,要求给圆括号中的变量 username 传递一个值,它是一个形参,即函数完成其任务所需的一项信息。而在代码 hello_world("davison")中,值"davison"是一个实参,即调用自定义函数时传递给函数的信息。当调用函数时,要将函数使用的信息放在圆括号内。在 hello_world("davison")中,将实参"davison"传递给了函数 hello_world(),这个值被存储在形参 username 里。

8.2 传递实参

鉴于函数定义中可包含多个形参,因此对应的函数调用中也可包含多个实参。向函数传递实参的方式有很多,可以使用位置实参,这需要实参与形参的位置顺序一致;也可以使用关键字实参,其中每个实参都由变量名和值组成。接下来一一介绍这些方式。

8.2.1 位置实参

在调用函数时,Python 必须将函数调用中的每一个实参都与函数定义中的一个形参相关联。为此,最简单的关联方式是基于实参的位置顺序,该关联方式被称为位置实参。为了更好地明白其中的工作原理,来看一个显示宠物讯息的函数。该函数需指出宠物类型及其名字,如下所示。

```
def my_pet(type, name):
    """describe your pet."""
    print("\nI have a " + type + ".")
    print("My " + type + "'s name is " + name.title() + ".")

my_pet("dog", "joe")
```

函数括号中包含两个形参,该函数定义表明,调用它需要一种动物类型和一个名称。更明确地说,调用该函数时,实参 dog 存储在形参 type 中,而实参 joe 则存储在形参 name 中。函数体内部需要使用这两个形参来显示宠物信息,运行结果如下所示。

```
D:\python_learn>python my_pet.py
```

```
I have a dog.
My dog's name is Joe.

D:\python_learn>_
```

1. 函数的多次调用

函数的可重复使用性，使得函数可根据需要被调用任意次。尝试再调用一次 my_pet()，来描述另一种宠物，其调用代码为 my_pet("cat", "nekomamushi")，其完整程序如下所示。

```
def my_pet(type, name):
    """describe your pet. """
    print("\nI have a " + type + ".")
    print("My " + type + "'s name is " + name.title() + ".")

my_pet("dog", "inuarashi")
my_pet("cat", "nekomamushi")
```

上述程序在终端中的执行结果如下所示。

```
D:\python_learn>python my_pet.py

I have a dog.
My dog's name is Inuarashi.

I have a cat.
My cat's name is Nekomamushi.

D:\python_learn>_
```

第二次调用 my_pet()函数时，向它传递了实参 "cat"和"nekomamushi"。与第一次调用时类似，Python 将实参 "cat" 关联到形参 type 中，而实参"nekomamushi" 则被关联到形参 name 中。这样就完成了两次函数的调用，一次描述狗，另一次描述猫。重复调用函数是一种效率很高的工作方式。如示例中，仅需要编写描述宠物的功能函数一次，之后每当需要描述新宠物时，就可反复调用该函数，并向它提供新宠物的信息。即便功能代码增加到数十行，其调用代码也只需一行，就可以完成一项复杂的任务。而面对的任务越复杂，函数的功效就会越强大。在函数中，可根据需要使用任意数量的位置实参，Python 按位置顺序将函数调用中的实参关联到函数定义中相应的形参。

2. 留心关注位置实参与其形参的对应顺序

使用位置实参来调用函数时，如果实参的顺序不当，其结果可能会出乎意料，来看一组示例，这里修改了调用 my_pet()时两个实参的位置。

```
def my_pet(type, name):
    """describe your pet. """
    print("\nI have a " + type + ".")
    print("My " + type + "'s name is " + name.title() + ".")
```

```
# my_pet("dog", "inuarashi")
my_pet("cat", "nekomamushi")

my_pet("nekomamushi", "cat")
```

运行上述程序,对比实参与形参对应关系不当时对结果造成的影响。

```
I have a cat.
My cat's name is Nekomamushi.

I have a nekomamushi.
My nekomamushi's name is Cat.
```

8.2.2 关键字实参

关键字实参是传递给函数的名称—值对,用户可以在实参中将名称和值关联起来,因此向函数传递实参时不会混淆。关键字实参将使用户不必考虑函数调用中的实参顺序,并能更清晰地指出函数调用中各个值的用途。

```
def my_pets(pet_type, pet_name):
    print("\n I have a " + pet_type + " named " + pet_name + ".")

my_pets(pet_name='Tom', pet_type= 'cat')
```

上述函数在调用时,向 Python 解析器明确指出了各个实参所对应的形参,因此 Python 知道应该将实参'Tom'存储在形参 pet_name 中、将实参'cat'存储在形参 pet_type 中。所以,就算在调用中将 pet_name 与 pet_type 前后颠倒,输出依然能够准确输出结果。

不同于位置实参,关键字实参的顺序无关紧要,因为 Python 能够准确地知道各个值应该存储到哪个形参之中。因此,在函数调用中下面两种语法是等效的。

```
my_pets(pet_name = "Tom", pet_type = "cat")
my_pets("cat", "Tom")
```

注意:在使用关键字实参调用函数时,请务必准确地指出函数定义中的形参名。

8.2.3 默认值

此外,在声明函数时,还有一种情况就是给每个形参指定默认值。通常,调用函数时给形参提供实参后,Python 会优先使用调用函数时提供的实参值。若调用函数时未提供对应实参,将使用声明该函数时为形参指定的默认值。因此,给形参指定默认值后,可在函数调用时省略相应的实参。而使用默认值则可简化函数调用,也能清楚地指出函数的典型用法。例如下列函数,其描述对象都是猫,就可以将其形参 pet_type 的默认值设置为'cat'。这样,再调用该函数来描述猫时,便不需要再提供实参了。

```
def my_pets(pet_name, pet_type = 'cat'):
```

```
        print("\n I have a " + pet_type + " named " + pet_name + ".")

my_pets(pet_name='Tom')
```

修改 my_pets() 函数的定义,在其中给形参 pet_type 指定了默认值'cat'。这样,调用该函数时,如果没给 pet_type 指定值,Python 会默认将该形参设置为'cat',运行结果如下所示。

```
D:\python_learn>python my_pets.py

 I have a cat named Tom.

D:\python_learn>_
```

注意,在该函数的定义中,修改了形参的排列顺序,但由于给 pet_type 指定了默认值,无需通过实参再来指定宠物类型,因此在函数调用中只包含该宠物的名字这一个实参。而 Python 依旧将该实参视为位置实参,因此如果函数调用时只包含宠物名字,这个实参会被关联到函数定义中的第一个形参,这就是需要将 pet_name 放至形参列表开头的原因。

除此之外,更简便的调用方法是在函数调用中只传递猫咪的名字,如下所示。

```
my_pets("Tom")
```

完整的代码如下所示。

```
def my_pets(pet_name, pet_type = 'cat'):
    print("\n I have a " + pet_type + " named " + pet_name + ".")

my_pets(pet_name='Tom')
my_pets("Tom")
```

运行上述程序,不难发现结果是一样的,如下所示。

```
D:\python_learn>python my_pets.py

 I have a cat named Tom.

 I have a cat named Tom.

D:\python_learn>_
```

如果被调用的宠物是名为 jerry 的宠物老鼠,那么可采用下列调用方式。

```
my_pets(pet_name = "Jerry", pet_type = "mouse")
```

鉴于明确地给 pet_type 传递了实参"mouse",因此 Python 将忽略这个形参的默认值 cat。

注意:使用默认值时,在形参列表中必须先列出没有默认值的形参,再列出有默认值的形参,例如在语句 def my_pets(pet_name, pet_type = 'cat'): 中,无默认值的形参 pet_name 在前,而有默认值'cat'的形参 pet_type 在后。这有助于使 Python 准确地解读位置实参。

8.2.4 等效的函数调用方式

鉴于可混合使用位置实参、关键字实参与默认值,通常有诸多种等效的调用函数的方式,以函数 my_pets()的定义为例。

```
def my_pets(pet_name, pet_type = 'cat'):
```

基于该定义,任何情况下都必须给 my_pets 传递实参信息。指定实参时可使用前面介绍的位置方式、关键字方式。当描述对象不一定是猫时,还需在函数调用中给 pet_type 另提供实参;同样,指定该实参时仍可使用位置方式或者关键字方式。

总结一下,下面对该函数的所有调用都有效,读者可选择自己最容易理解的调用方式。

```
my_pets("Tom")
my_pets(pet_name="Tom")

my_pets("Spike", "dog")
my_pets("Spike", pet_type="dog")
my_pets(pet_name="Spike", pet_type="dog")
```

8.2.5 避免实参错误

当读者着手使用函数时,极有可能碰到实参失配的问题,常见情况包括提供的实参多或少于函数定义中所需的信息。如果在调用函数 my_pets 时不指定实参,运行结果如下所示。

```
Traceback (most recent call last):
  File "my_pets.py", line 11, in <module>
    my_pets()
TypeError: my_pets() missing 1 required positional argument: 'pet_name'

D:\python_learn>_
```

语句 Traceback (most recent call last):File "my_pets.py", line 11, in <module>指出了问题所在位置,而 my_pets()指出了导致该问题的具体函数,TypeError 则指出该函数调用缺少 1 个实参,并明确了该形参的名称 pet_name。如果该函数存储在独立的文件中,用户甚至无需打开该文件来查看函数的定义代码,便可重新正确地调用函数 my_pets()。

Python 读取函数的代码指出用户需要为哪些形参提供实参,这为不翻看定义函数的文件便可调用函数提供了帮助。这也是应该给变量和函数指定描述性名称的另一个原因,即 Python 后续所提供的报错信息都很有帮助。

8.3 返回值

函数也并非总直接显示其输出,还可以处理一些数据,并返回一个或一组值。函数返回的值被称为返回值,可以使用 return 语句将结果返回函数调用的地方,并把程序的控制权一并返回。程序运行所遇到的第一个 return 即返回(退出 def 块),而不会再运行第二个 return。返回值使 Python 能将程序中部分繁重的任务转移到函数中来完成,从而简化主程序。

8.3.1 简单值的返回

函数可以返回简单值,示例代码如下所示。

```
def full_name(family_name, given_name):
    """return a concise name """
    full_name = family_name + ' ' + given_name
    return full_name.title()

name = full_name("Davison", "Wang")
print(name)
```

full_name()的函数定义通过实参接收姓和名(即 family_name 和 given_name),并将姓和名合二为一,将结果存储在变量 full_name 中。然后,通过.title()将 full_name 的值转换为首字母大写的形式,并通过 return 将结果返回到函数调用行。调用包含返回值的函数时,需提供一个变量 name,用于存储函数的返回值。终端中该程序的输出结果如下所示。

```
D:\python_learn>python full_name.py
Davison Wang
```

思考一下,原本只需要编写 print("Davison Wang") 就可输出简洁的姓名,为什么现在则要多此一举呢?这是因为 print("Davison Wang")这种写法需要存储大量名和姓在主程序中,而定义函数则能将程序中大部分繁重的任务转移到函数外去完成,而每当需要显示姓名时都能调用该函数。

8.3.2 将实参变为可选

要知道,有时候需要将实参变为可选择的,这样调用函数时则只需要根据需求来提供额外信息。也就是说,额外信息的提供不再是必选项,可利用默认值来让实参变为可选。修改 8.3.1 节的程序,在函数 full_name()的定义中添加中间名,如下所示。

```
def full_name(family_name, middle_name, given_name):
    """return a concise name """
    full_name = family_name + ' ' + middle_name + ' ' + given_name
    return full_name.title()
```

```
name = full_name("davison", "young", "wang")
print(name)
```

调用函数时,只要为函数提供名、中间名与姓,该函数就能够正确地运行。它将串联这三部分组成一个完整的字符串,并将输出转为首字母大写的形式,运行结果如下所示。

```
D:\python_learn>python full_name.py
Davison Young Wang
```

然而,并非所有人都拥有中间名,如果调用该函数未提供中间名,该程序一定不能正确地执行。因此,需要将中间名变为可选项,可以给实参 middle_name 指定默认值,即空字符串,并在用户未提供中间名时,启用该默认值,使函数 full_name() 在未获得中间名时依旧可运行。

```
def full_name(family_name, given_name, middle_name=' '):
    """return a concise name """
    if middle_name:
        full_name = family_name + ' ' + middle_name + ' ' + given_name
    else:
        full_name = family_name + ' ' + given_name
    return full_name.title()

name = full_name("davison", "wang", "young")
print(name)

name = full_name("simon", "monk")
print(name)
```

请注意,这里需要将 middle_name 指定的空字符串默认值移到形参列表的末尾,否则,就会出现如下报错。

```
D:\python_learn>python full_name.py
  File "full_name.py", line 1
    def full_name(family_name, middle_name=' ', given_name):

SyntaxError: non-default argument follows default argument
```

这是 Python 一个典型的语法错误,即在定义函数时,没有默认值的形参要放在列表前面,有默认值的形参要放在后面。

在上述示例中,函数 full_name 预设了三个形参。因为姓、名是必备的,所以在函数定义中首先列出了 family_name 和 given_name 两个形参。中间名 middle_name 被放在最后,作为可选项,并将其默认值设置为空字符串。

在函数体中,先检查是否提供中间名 middle_name,然后将姓、中间名、名合并为全名,将其首字母大写,并返回到函数调用行。在调用函数时,将返回值存储在变量 name 中,然后将其打印出来。若未提供中间名,则执行 else 代码块,middle_name 将为空字符,因此只能够使用姓、名生成名字，并将设置完格式的全名返回到函数定义行。

值得强调的是，调用这个函数时如果仅指定姓与名，其调用方法与先前无异。如果还指定了中间名，则必须确保其是最后一个实参，Python 才能正确地将位置实参关联到形参。该改进后的版本对于有中间名的人和没有中间名的人同样适用，运行结果如下所示。

```
D:\python_learn>python full_name.py
Davison Young Wang
Simon Monk
```

可选值使函数能够处理各种不同情况的同时，确保函数调用简便。

8.3.3 返回字典

函数可返回任何类型的值，包括字典、列表等较复杂的数据结构。下面定义一个函数，使其接受姓、名，并返回一个字典。

```
def person_dictionary(given_name, family_name):
    person_name = {"first": given_name, "last": family_name}
    return person_name

name = person_dictionary("davison", "wang")
print(name)
```

定义函数 person_dictionary()，使其可接受姓、名，并将这些值封装在一个字典中。存储 given_name 时，使用键"first"；存储 family_name 时，则使用键"last"。最终，return 返回整个字典 person_name，打印该返回的值，如下所示。

```
D:\python_learn>python people.py
{'first': 'davison', 'last': 'wang'}
```

该函数接受简单的文本数据，并将其存储在一个更加合适的数据结构中，这不仅能够打印信息，也能以其他方式处理它们。例如，用户可以扩展该函数，使其接受可选值，例如中间名、性别、职业、年龄等。示例代码如下所示。

```
def person_dictionary(given_name, family_name, career=' '):
    person_name = {"first": given_name, "last": family_name}
    if career:
        person_name["career "] = career
    return person_name

name = person_dictionary("davison", "wang", "artist")
print(name)
```

在定义函数 person_dictionary()时，新增了可选形参 career，将其默认值设置为空字符。如果调用函数时提供了该形参的值，该值将存储到字典 person_name 中。该函数不仅可以存储姓名，扩展后也可以储存其他相关信息。

8.3.4　结合使用 while 循环与函数

函数可扩展性很强，可将函数与其他 Python 结构结合使用，例如 while 循环语句。下面来看一组示例，新建一个程序，其代码如下所示。

```
def hello_person(given_name, family_name, middle_name=" "):

    if middle_name:
        full_name = given_name + " " + middle_name + " " + family_name
    else:
        full_name = given_name + " " + family_name
    return full_name.title()

while True:
    print("\nEnter your name, please:")
    g_name= input("\ngiven name is: ")
    f_name = input("family name is: ")
    question = input("Do you have middle name ?(yes/no)")

    if question == "yes":
        m_name = input("middle name is: ")
        name = hello_person(g_name, f_name, m_name)
    else:
        name = hello_person(g_name, f_name)

    print("\nNice to meet you " + name)
```

在上述示例代码中，定义了一个名为 hello_person() 的函数，该函数在调用时允许接收 3 个实参，其中，中间名 middle_name 为可选的，因此放在最后。先判断用户是否有中间名，来确定其返回的 full_name 的组成方式。while 循环语句允许用户输入其姓名，并依次提示用户输入姓与名，但该循环也存在一个缺陷，即没有定义退出途径，导致用户每次都要通过 Ctrl+C 键强制终止程序，这会造成不小的麻烦。程序需要使用户尽可能容易地退出，因此每次提示用户输入时，都应该提供退出途径，这里可以使用 break 语句提供实时退出的途径，修改后的程序如下所示。

```
def hello_person(given_name, family_name, middle_name=""):

    if middle_name:
        full_name = given_name + " " + middle_name + " " + family_name
    else:
        full_name = given_name + " " + family_name
    return full_name.title()

while True:
    print("\nEnter your name, please:")
    print("(enter 'q' to quit at any time)")

    g_name = input("\ngiven name is: ")
```

```
        if g_name == "q":
            break

        f_name = input("family name is: ")
        if f_name == "q":
            break

        question = input("Do you have middle name ?(yes/no) ")
        if question == "yes":
            m_name = input("middle name is: ")
            name = hello_person(g_name, f_name, m_name)
        elif question == "no":
            name= hello_person(g_name, f_name)
        else:
            break
    print("------------------------------------------------------")
    print("\nNice to meet you " + name)
```

上述代码打印了一条语句来告知用户如何随时退出，并且每次提示输入时，都检查用户是否输入退出值 q，如果没有，则继续执行 while 循环；如果有，则退出程序。上述程序在终端中的执行结果如下所示。

```
D:\python_learn>python hello_person.py

Enter your name, please:
(enter 'q' to quit at any time)

given name is: davison
family name is: wang
Do you have middle name?(yes/no) yes
middle name is: young
------------------------------------------------------

Nice to meet you Davison Young Wang

Enter your name, please:
(enter 'q' to quit at any time)

given name is: andy
family name is: lee
Do you have middle name?(yes/no) no
------------------------------------------------------

Nice to meet you Andy Lee

Enter your name, please:
(enter 'q' to quit at any time)

given name is: q
```

8.4 列表的传递

向函数传递列表在解决问题中也是十分有用的,函数可处理的列表涉及到数字、名字或更复杂的对象,例如字典。将列表传递给函数后,函数就能直接访问其中的内容,因此通过函数来处理列表有助于提高处理效率。

新建一个程序,对列表中的每种编程语言都打印一句话,调用函数 hello_code(),其内容如下所示。

```
def hello_code(computer_languages):
    for computer_language in computer_languages:
        message = "Welcome to the " + computer_language + " world !"
        print(message)

languages = ['c#', 'c++', 'java', 'python']
hello_code(languages)
```

在上述程序中,定义了一个名为 hello_code()的函数,其可接受列表实参,并支持将列表实参传递给一个名为 computer_languages 的形参。函数 hello_code()能够遍历接收到的列表元素,并对其中每个元素打印一条问候语。除此之外,定义了一个变量 languages,并在其中存储包含各种编程语言的列表,然后调用函数 hello_code()并将存储列表的变量 languages 传递给它,上述程序的运行结果如下所示。

```
D:\python_learn>python hello_code.py
Welcome to the c# world!
Welcome to the c++ world!
Welcome to the java world!
Welcome to the python world!

D:\python_learn>_
```

8.4.1 修改列表

用户可以利用函数处理列表中的元素,函数中对列表所做的任何修改是永久性的。来看一组示例,某骨科医院向某 3D 打印公司提供了设计要求,将需要打印的义骨名称存储在一个列表中,打印后移动到另一个列表中。考虑到该任务的复杂度,先写一个不使用函数的代码来模拟这一过程,以理清基本思维逻辑。新建一个程序,其代码内容如下所示。

```
unprinted_designs = ['skull', 'clavicle', 'scapula', 'ribs', 'tooth']
printed_models = []

while unprinted_designs:
    stack = unprinted_designs.pop(0)
    
    print("printing model: " + stack)
```

```
        print("\n...")
        printed_models.append(stack)

print("\nThese models have been printed: ")
for printed_model in printed_models:
    print(printed_model)
```

该程序回顾了本书前几章介绍的知识。首先，创建了一个待打印的设计稿列表 unprinted_designs，其中包含了不同身体部位的义骨名称元素，并创建了一个名为 printed_models 的空列表。通过在 while 循环语句中采用 pop(0) 函数来从列表 unprinted_designs 开头逐一删除其中的列表元素，并将它们存储在一个过渡变量 stack 中。然后，打印一条消息告知模型正在打印中，再将打印好的模型，即 stack，通过 append() 函数添加进另一个列表 printed_models 中，直至 unprinted_designs 列表为空，循环结束。最后，for 循环遍历列表 printed_models，并逐一打印其中的元素，运行结果如下所示。

```
D:\python_learn>python 3D_printing.py
printing model: skull

...
printing model: clavicle

...
printing model: scapula

...
printing model: ribs

...
printing model: tooth

...
These models have been printed:
skull
clavicle
scapula
ribs
tooth

D:\python_learn>_
```

接下来，尝试将处理该列表的方式传递给函数，这可能需要两个函数来分别承担两项任务：一个函数用于将列表元素移动至另一个新的空列表；另外一个函数用于遍历新列表中的元素。它们中的大部分代码都是相同的，只是调用函数来处理大量的列表元素时，效率会更高。接下来，来修改本节创建的程序，并计划将 while 语句代码块定义为一个函数，将 for 循环语句代码块定义为另一个函数，再在特定任务中调用这两个自定义函数，下面是修改后的示例代码。

```
def printing_designs(unprinted_designs, printed_models):
    while unprinted_designs:
        stack = unprinted_designs.pop(0)

        print("printing model: " + stack)
        print("\n...")
        printed_models.append(stack)

def demonstrate_printed_models(printed_models):
    print("\nThese models have been printed: ")
    for printed_model in printed_models:
        print(printed_model)

unprinted_designs = ['skull', 'clavicle', 'scapula', 'ribs', 'tooth']
printed_models = []

printing_designs (unprinted_designs, printed_models)
demonstrate_printed_models (printed_models)
```

在上述程序中，首先定义了一个名为 printing_designs() 的函数，它包含两个形参 unprinted_designs、printed_models，分别表示需要打印的设计列表和打印好的模型列表。函数 printing_designs() 将在其 while 循环中使用 pop() 函数将设计逐个地从 unprinted_designs 列表中取出，再使用函数 append() 逐一添加进 printed_models 列表中。

除此之外，还定义了 demonstrate_printed_models 函数，其仅包含一个形参 printed_models，就能被成功调用。将 printed_models 这个列表传递给 demonstrate_printed_models 函数，该函数将逐一展示被打印出的各个模型的名称。

该程序的输出结果与未使用函数的版本是一致的，但更具模块化。大部分任务都被移动到 printing_designs() 与 demonstrate_printed_models 两个函数中来解决，使得主程序更简化，其输出的结果如下所示。

```
D:\python_learn>python 3D_printing.py
printing model: skull

...
printing model: clavicle

...
printing model: scapula

...
printing model: ribs

...
printing model: tooth

...
These models have been printed:
```

```
skull
clavicle
scapula
ribs
tooth

D:\python_learn>_
```

```
unprinted_designs = ['skull', 'clavicle', 'scapula', 'ribs', 'tooth']
printed_models = []

printing_designs(unprinted_designs, printed_models)
demonstrate_printed_models(printed_models)
```

注意：Python 解析器并不关心自定义函数命名时单词的拼写是否正确，但严格要求声明函数时和调用该函数时，其名称的单词拼写要前后一致。换句话讲，在创建函数名时无须考虑英文拼写是否正确，仅需要遵循前面提到的语法要求，并在调用时保持与声明时拼写一致即可。该规则对 Python 中的内建函数与特定关键字不适用，Python 解析器对其内建函数与特定关键字的拼写则有严格的要求，不能有丝毫拼写错误，否则将会触发报错。

上面展示了脚本的主程序，定义了一个需要打印的设计列表 unprinted_designs，还定义了另一个空列表 printed_models，用于存储打印好的模型。鉴于已经定义了两个函数，因此只需要传入对应的实参调用它们即可。调用 printing_designs() 函数并向它传递两个实参列表，printing_designs() 函数顺利完成任务。然后，再调用 demonstrate_printed_models() 函数，并将打印好的模型列表 printed_models 传递给它，使它能逐一列出列表 printed_models 中的元素。

与前面未使用函数的版本相比，该程序更易扩展与维护。来设想一下，如果今后再遇到类似的任务，那么仅需要再次调用两个函数即可。如果需要对打印代码进行改进，仅需要修改程序的函数部分，就可影响所有调用该函数的地方。函数的使用无疑使程序更加高效，且易于管理。

此外，该程序还演示了一种先进的理念，即每个函数仅负责一项具体的任务，这种做法优于利用一个函数来完成多项任务。编写函数时，请尝试将多个任务划分到多个函数中，这有助于将复杂的任务分割为一系列简单、易修改的部分。

8.4.2 禁止函数修改列表

用户在编写程序时，有时需要禁止函数修改列表。设想一下，很多时候用户需要保留原始列表，以供备案，而仅对其副本进行操作。但如果函数 pop() 已经将所有的设计都移出了列表，使其为空，原先的列表不复存在。为解决这个问题，在函数调用时，可仅向函数传递列表的副本而非原件。这样一来，函数所做的任何修改都仅只会影响副本，而丝毫不会影响原件。

如果要将列表副本传递给函数，可使用语法 function_name(list_name[:])，如下所示。

```
printing_designs(unprinted_designs[:], printed_models)
```

使用切片表示法来复制列表 unprinted_designs 的元素,创建列表副本。完整的代码如下,调用自定义函数 printing_designs()时,为其提供了 unprinted_designs 的副本。

```python
def printing_designs(unprinted_designs, printed_models):
    while unprinted_designs:
        stack = unprinted_designs.pop(0)

        print("printing model: " + stack)
        print("\n...")
        printed_models.append(stack)

def demonstrate_printed_models(printed_models):
    print("\nThese models have been printed: ")
    for printed_model in printed_models:
        print(printed_model)

unprinted_designs = ['skull', 'clavicle', 'scapula', 'ribs', 'tooth']
printed_models = []

printing_designs(unprinted_designs[:], printed_models)
demonstrate_printed_models(printed_models)
```

虽然在函数调用中,向函数传递列表的副本有助于保留原始列表,但除非有需要传递副本的充足理由,一般还是优先将原始列表传递给函数,因为让函数使用现成列表可节约创建副本所需的时间和计算成本,从而提升运算效率,在处理大型列表时尤其如此。

8.5　传递任意数量的实参

某些情况下,用户预先不知道函数需要接受的实参数量,而 Python 允许函数从其调用语句中收集任意数量的实参。来看一组制作秘制脆皮炸鸡的示例函数。制作秘制脆皮炸鸡需要的配料繁多,无法预先知道。下面的函数仅有一个形参 * arcanum,但可以囊括调用函数时所传递的无数实参。

```python
def crispy_fried_chicken(* arcanum):
    print(arcanum)

crispy_fried_chicken('1000 grams of chicken wings')
crispy_fried_chicken(
    '1000 grams of chicken wings',
    '50 grams of Orleans marinade',
    '50 grams of purified water',
    'a little ginger',
    '1 egg',
    '20 grams of corn starch',
    '20 grams of flour',
    '30 grams of potato starch',
```

```
            'salt'
        )
```

其中,形参 * arcanum 中的 * 号使 Python 创建一个名为 arcanum 的空元组,并将接收到的所有值全部封装在该元组中。函数体内的 print() 语句通过生成输出,来证明 Python 能使用一个值处理不同的函数调用的情景,下面是执行程序所输出的结果。

```
('1000 grams of chicken wings',)
('1000 grams of chicken wings', '50 grams of Orleans marinade', '50 grams of
purified water', 'a little ginger', '1 egg', '20 grams of corn starch', '20 grams
of flour', '30 grams of potato starch', 'salt')
```

接下来,可以优化扩展上述脚本,来看对传递的任意值实参进行遍历的结果。

```
def crispy_fried_chicken(* arcanums):
    print("\nSecret crispy fried chicken prescription:")
    for arcanum in arcanums:
        print("--- " + arcanum)

crispy_fried_chicken('1000 grams of chicken wings')

crispy_fried_chicken(
    '1000 grams of chicken wings',
    '50 grams of Orleans marinade',
    '50 grams of purified water',
    'a little ginger',
    '1 egg',
    '20 grams of corn starch',
    '20 grams of flour',
    '30 grams of potato starch',
    'salt'
    )
```

以下结果证明,不论收到多少个实参值,该语法定义的函数皆能妥善地处理。

```
D:\python_learn>python crispy_fried_chicken.py

Secret crispy fried chicken prescription:
--- 1000 grams of chicken wings

Secret crispy fried chicken prescription:
--- 1000 grams of chicken wings
--- 50 grams of Orleans marinade
--- 50 grams of purified water
--- a little ginger
--- 1 egg
--- 20 grams of corn starch
--- 20 grams of flour
```

```
--- 30 grams of potato starch
--- salt


D:\python_learn>_
```

8.5.1 任意数量实参与位置实参的结合

如果希望函数可以接受不同类型的实参，需在定义该函数时进行设置，通常将位置形参与关键字形参放在前面，接纳任意数量实参的形参往后放。修改上述程序，结果如下所示。

```
def crispy_fried_chicken(brand, *arcanums):
    print(brand.title() + " secret crispy fried chicken prescription:")
    for arcanum in arcanums:
        print("--- " + arcanum)

crispy_fried_chicken('popeyes', '1000 grams of chicken wings')

crispy_fried_chicken(
    'wingstop'
    '1000 grams of chicken wings',
    '50 grams of Orleans marinade',
    '50 grams of purified water',
    'a little ginger',
    '1 egg',
    '20 grams of corn starch',
    '20 grams of flour',
    '30 grams of potato starch',
    'salt',
    )
```

基于前面所述的函数定义，Python 将收到的第一个值存储在形参 brand 中，其他所有值存储在元组 arcanums 之中。再调用该函数时，先指定表示炸鸡品牌的实参，然后指出任意数量的炸鸡制作配方，结果如下所示。

```
D:\python_learn>python crispy_fried_chicken.py
Popeyes secret crispy fried chicken prescription:
--- 1000 grams of chicken wings
Wingstop secret crispy fried chicken prescription:
--- 1000 grams of chicken wings
--- 50 grams of Orleans marinade
--- 50 grams of purified water
--- a little ginger
--- 1 egg
--- 20 grams of corn starch
--- 20 grams of flour
--- 30 grams of potato starch
--- salt
```

```
D:\python_learn>_
```

8.5.2 任意数量的关键字实参

用户有时需要接受任意数量的实参,但可能预先不知道传递给函数的会是什么样的信息。应对此类情况,可以将函数编写为能接受任意数量实参的键值对。在下面的示例中,personal_profile()函数支持接受姓与名,同时仍接受任意数量的关键字实参。

```
def personal_profile(given_names, family_names, **person_info):
    person = {}
    person['given names'] = given_names
    person['family names'] = family_names
    for key, value in person_info.items():
        person[key] = value
    return person

person_info = personal_profile('davison', 'wang', age=32, location='china')
print(person_info)
```

函数 personal_profile 的定义中要求提供名字与姓氏,同时也允许用户依据需要提供任意数量的名称值对。形参**person_info 的双星号令 Python 创建一个名为 person_info 的空字典,这里需要与单星号创建的空元组加以区分(使用函数时,如果需要传入一定个数的位置参数,可以使用 * 号表示,即 * args,以元组形式传入;如果需要传入一定个数的关键字参数时,使用**表示,即**kwargs,以字典形式传入),并将接收到的所有字典参数名称值对都封装在该字典中。在这个函数中,可以像访问其他字典那样访问 person_info 中的名称值对。

在函数 personal_profile() 的函数体内,创建了一个名为 person 的空字典,用于存储人物简介。并将姓与名加入到该字典中,通过 for 循环遍历字典 person_info 中的键值对,并将每个键值对都加入字典 person 中。最终,将字典 person 返回给函数调用行。注意,这里一定要返回字典 person,否则调用函数将读取不到任何字典信息,即为 None。

调用函数 personal_profile(),向其传递名'davison'、姓'wang'与两个键值对,年龄 age 和归属地 location,并将返回的 person 存储进变量 person_info 中,再打印该 person_info 变量,运行结果如下所示。

```
D:\python_learn>python personal_profile.py
{'given names': 'davison', 'family names': 'wang', 'age': 32, 'location': 'china'}

D:\python_learn>_
```

返回的字典 person 包含名字、姓氏、年龄与归属地,调用上述函数 personal_profile 时,不论额外提供了多少个键值对,该函数都能妥善地处理。

编写函数时,还可以以各种方式混合使用位置、关键字和任意数量实参。熟悉这些类型的实参大有裨益,因为阅读别人编写的代码时经常能够见到它们。要正确地使用这些类型的实参并了解它们的使用时机,仍需经过大量的练习。但无论如何,都要牢记最基础的用法。

8.6 调用存储在模块中的函数

使用函数的优点是可将功能代码块与主程序分离,在方便管理、提高功能代码使用效率的同时,还有助于简化主程序。本节将函数存储在被称为模块的独立文件中,再使用 import 语句将模块导入到当前运行的程序文件中,允许当前运行的主程序使用模块中的代码。

将函数存储在独立文件中的优势是可隐藏程序的细节,将重点放到程序的高层逻辑上,还能使读者在不同的程序中重复使用库函数。将函数存储在独立文件中,还可以与其他程序员共享这些文件,创建自己的函数库,这有助于人员合作并提高工作效率。知道如何导入函数还有助于用户使用其他程序员编写的函数库。导入模块的方法有很多,接下来将对每种方法都作出简要陈述。

8.6.1 导入整个模块

为使函数可以被导入,要先创建模块。模块是扩展名为.py 的 Python 可执行文件,其中包含要导入到主程序中的代码。下面创建一个名为 hamburger.py 的程序,其中包含一个名为 make_burger() 的函数模块。

```
def make_burger(size, * toppings):
    """Outline the ingredients to make a burger"""
    print("\n Please make a " + size + " burger with the following toppings: ")
    for topping in toppings:
        print("--- " + topping)
```

接下来,在程序 hamburger.py 所在的工程目录中,另外创建一个程序,并将其命名为 making_burger.py。将前述程序 hamburger.py 导入 making_burger.py 的主程序中,再来调用函数 make_burger(),详细语法如下所示。

```
①  # from hamburger import make_burger
②  # from hamburger import *
③  import hamburger

hamburger.make_burger(
    'regular',
    'chicken breast',
    'burger embryo',
    'lettuce',
    'salad dressing'
    )
```

以上代码前 3 行分别介绍了 3 种不同的模块导入方法,但功能是一致的。Python 读取程序 making_burger.py 时,其代码令 Python 打开文件 hamburger.py,从程序 hamburger.py 中导入所有的函数，从程序 hamburger.py 中仅导入特定函数 make_burger。

making_burger.py 主程序调用模块 hamburger.py 中的函数 make_burger() 时，其调用方法与正常的调用函数的书写语法无异。making_burger.py 主程序在终端中的运行结果如下所示。

```
D:\python_learn \makBurger>python making_burger.py
```

ar burger with the following toppings:

burger 就是一种导入方法，仅需编写一条 import 语句并在其
序 making_burger.py 中使用该模块中的所有函数。
句导入了名为 module_name.py 的整个模块，便能使用 module_
样的语法来调用其中任意一个函数，在前面示例中使用了
调用函数 make_burger()。

情况下，还可以导入模块中特定的函数，书写语法为 from
ame，那么前面案例中需要调用函数 make_burger 时，则可

_burger

入任意数量的函数，仅通过用逗号分隔函数名即可，语法为
_00, function_01, function_02。在前面的示例 making_
月的函数，代码如下所示。

```
# import hamburger
from hamburger import make_burger

make_burger(
    'regular',
    'chicken breast',
```

```
        'burger embryo',
        'lettuce',
        'salad dressing'
        )
```

注意：如果导入模块中函数的语法采用的是 import module_name，则主程序调用函数时需采用 module_name.function_name() 的调用格式；如果导入模块中函数的语法采用的是 from module_name import * 或 from module_name import function_name，则主程序调用函数时可直接采用 function_name() 的调用格式。

8.6.3　使用 as 为函数指定别名

程序编写过程中有时也需要为调用的函数指定别名，例如，当导入的函数名与程序中现有名称冲突，或者是函数名过长时，可向其指定别名，即函数的另一个名称。

下列示例给函数 make_burger 指定别名 mb，这需要在 import 语句中使用 make_burger as mb 来实现，其中关键字 as 可将函数 make_burger 重命名为读者所提供的别名，代码如下所示。

```
from hamburger import make_burger as mb

mb(
    'regular',
    'chicken breast',
    'burger embryo',
    'lettuce',
    'salad dressing'
    )
```

import 语句将函数 make_burger 重命名为 mb，在该程序中，每当需要调用函数 make_burger 时，皆可简写为 mb，而 Python 仍将运行 make_burger() 中的代码。为函数指定别名的通用语法公式为 from module_name import function_name as fn。

8.6.4　使用 as 为模块指定别名

除了为函数指定别名之外，as 也可以为模块指定别名。通过为模块指定别名，使用户能够更便利地调用模块中的函数。示例代码如下所示。

```
import hamburger as h

h.make_burger (
    'regular',
    'chicken breast',
    'burger embryo',
    'lettuce',
    'salad dressing'
    )
```

上述示例中,import ... as 语句为模块 hamburger 指定了别名 h。调用函数 make_burger()时,即可编写代码 h.make_burger(),这样一来,在调用代码时不再需要关注复杂的模块名,也可以使代码更简洁并方便理解。为模块指定别名的通用语法是 import module_name as mn。

8.6.5 使用 * 导入模块中所有的函数

使用运算符星号 * 可让 Python 导入模块中所有的函数,其语法为"from hamburger import *"。

```
from hamburger import *

make_burger (
    'regular',
    'chicken breast',
    'burger embryo',
    'lettuce',
    'salad dressing'
    )
```

上述代码中,import 语句中的符号 * 可以令 Python 将模块 hamburger 中的每个函数都导入到这个程序文件中。由于导入了模块 hamburger 中的所有函数,因此可通过函数名称来调用 hamburger 中的每个函数,而无须使用句点表示法,即 hamburger.make_burger()。然而,当使用并非自己编写的大型模块时,最好不要采用这种导入方法,因为如果该模块中有函数与被导入项目中的名称相同,则可能导致意想不到的结果:Python 可能遇到多个名称相同的函数或变量,进而覆盖原有的函数或变量,而不是分别导入它们,这就非常麻烦。最佳的做法是:只导入你所需使用的函数,或者导入整个模块并使用句点表示法,这在避免问题的前提下,有助于代码更清晰、易阅读与便于理解。之所以介绍 from module_name import * 这种导入方法,是想帮助读者在阅读他人编写代码的同时能够理解它们。

8.7 函数编写指南

在编写函数时需要牢记几个细节,具体内容如下所示。

(1)编写函数时应该给函数指定描述性名称,并且只在其中使用小写字母和下画线。描述性名称可以帮助使用代码的人明白该代码的用途。模块命名时也应遵循上述约定。

(2)每个函数都应该包含简要的功能注释。注释应紧跟在函数定义后面,并采用文档字符串格式。良好的注释让其他程序员只需阅读文档字符串中的描述就能够使用函数,只要知道它的名称、需要的实参以及返回值类型。

(3)为形参指定默认值时,其等号两边不能有空格,对于函数调用中的关键字实参,也应遵循这种约定。

(4)PEP 8 建议代码行的长度不要超过 79 字符,这样只要编辑器窗口适中,就能看到整行代码。如果形参很多,导致函数定义的长度超过了 79 字符,可在函数定义中输入左括号后，再单击键盘上的 Enter 键，并在下一行按两次 Tab 键（通常 IDE 会自动缩进 8 空格），从而将形参和函数体区分开来。此外，大部分的 IDE 都会自动对齐后续元素，使其缩进程度与读者给第一个元素所指定的缩进程度相同。

```
def function_name(
        parament_00, parament_01, parament_02,
        parament_03, parament_04, parament_05):
    function body...
```

（5）如果模块包含多个函数，可使用两个空行将相邻的函数分开，这样有助于更容易地知道前一个函数在什么地方结束，后一个函数从什么地方开始。

（6）所有的 import 语句都应放在文件开头，唯一例外的情况是文件开头使用注释来描述整个程序。

8.8　本章小结

本章介绍了如何定义 Python 函数；如何给函数传递实参，以使函数能够接受完成其任务所需的信息；如何使用位置与关键字实参以及如何接受任意数量的实参；显示函数输出与函数返回值；如何将函数同列表、字典、if 与 while 语句结合使用。还介绍了如何将函数存储在称为模块的独立文件中，以方便其他程序调用。最后，列出了函数的编写指南。

程序员的目标之一就是编写尽可能简单的代码来有效完成任务，本章介绍的函数则有助于实现这一目标。函数的使用能使读者所编写的代码具备模块化的特点，所有任务只需要完成一次后，便可以调用模块化的函数来完成，提高了代码的利用率。而需要修改函数的行为时，也仅需要修改一个代码块即可，而所做的修改将影响调用这个函数的每个程序的功能。使用函数让程序更容易阅读，而良好的函数名概述了程序各个部分的作用。相比阅读一系列的代码块，阅读一系列函数调用能使用户更迅速地了解程序的功能。函数还可以使读者书写的代码更易调试。如果程序完成其任务调用了一系列的函数，每个函数都仅完成一项具体的任务，那么程序在测试和维护方面会容易许多。

在第 9 章中，将介绍编写 Python 类。类将函数与数据整洁地封装在一起，使用户能灵活且高效地在编程中使用它们。

8.9　习题

1. 定义函数。编写一个名为 repeated_statements() 的函数，要求其能够打印一个句子，以字符串的形式指出第 8 章学习到了哪些知识。调用该自定义函数，确认其能够正常显示这个句子。

2. 喜欢的电影。编写一个名为 favorite_film() 的函数，要求其中包含一个名为 name 的形参。调用该函数能够打印"One of my favorite movies is ** ."。调用函数 favorite_film()，并传递一个名为 Pirates of the Caribbean 的实参给它。

3. 队旗。定义一个名为 team_pennant() 的函数，该函数可接受一个颜色与一款印到旗帜上的字样,要求该函数能简要描述它们。先使用位置实参调用该函数来描述这面队旗,再使用关键字实参描述一次。

4. 队旗_02。继续本章练习3,另外定义一个名为pennant_type()的函数,使其在默认情况下制作一面印有"Python"的大号队旗。调用该函数来分别制作一面印有默认字样的大号队旗、一面印有默认字样的中号队旗与一面印有其他字样的队旗,且型号也可以随意定义。

5. 河流。定义函数describe_river(),规定其可以接受一条河流的名字及其所属国家。该函数需要能够打印简单的句子,并为用于存储国家的形参指定默认值。为3条河流调用该函数,且其中至少有一条河流不属于默认的国家。

6. 河流名称。定义一个函数river_country(),其允许接受两个形参:河流名称和其所在国名称,该函数的返回值格式应类似于:"ganges river,india"。使用3个河流—国家值对,调用该函数3次,并打印返回的值。

7. 书籍。定义一个函数books(),该函数应接受书籍名和其作者名字,并将这些存储在字典中,返回一个包含这两项信息的字典。调用该函数来创建3个描述不同书籍的字典,并打印每个返回的值。

8. 扩展练习。为本章练习7中定义的函数books()增添一个可选项,将其放在书籍名与该书籍作者名两个形参之后,以便存储该书籍的出版社信息。调用该函数3次,并至少在一次调用中指定该书籍的出版社。

9. 扩展练习_02。在完成练习7与练习8后,修改练习8,在其中添加一个while循环语句,允许用户输入书籍名与作者名。获取到这些信息后,使用它们来调用books()函数,并将新创建的字典打印出来。此外,保留一条便捷的退出途径,以方便随时退出该程序。

10. 最伟大的程序员。创建一个包含计算机发展史上最伟大的程序员的名单列表,该列表包括James Gosling、Guido van Rossum、Ken Thompson、Donald Knuth、Brian Kernighan、Tim Berners-Lee、Bjarne Stroustrup、Linus Torvalds,将该列表传递给自定义函数greatest_programmer(),该函数有能力打印列表中每一位程序员的名字。

11. 最伟大的程序员_02。在练习10编写的程序中,另定义一个函数,将其命名为great_again(),并对前面创建的最伟大的程序员名单列表进行修改,在每个程序员名字前都添加"the great"字样。调用函数greatest_programmer(),确认最伟大的程序员名单列表确实变了。

12. 最伟大的程序员_03。继续修改练习11编写的程序,在调用great_again()函数时,由于不想修改原始列表,因此仅向函数great_again()传递最伟大的程序员名单列表的副本。用return函数返回修改后的列表,使用这两个列表分别调用greatest_programmer()函数,以此确认一个列表仅包含原始的元素,而另一个列表所包含的元素添加了"the great"字样。

13. 自助餐。定义一个函数,它将向顾客介绍自助餐厅所能提供的一系列食材。鉴于提供食材的数量与名称未知,因此该函数仅有一个形参,要求调用该函数来打印一条信息,对餐厅提供的自助菜品进行概述。调用该函数至少3次,每次调用皆需要提供不同数量的实参。

14. 函数调用_01。调用8.5.2节的案例程序中的personal_profile()函数,创建有关于读者自己的简介,调用函数指定读者的姓、名并额外提供 2 个用于介绍读者的键值对。

15. 函数调用_02。定义一个函数,该函数允许将手机的相关信息存储到一个空字典中,且调用该函数总是允许接受手机的制造商与其型号,还能接受任意数量的关键字实参。调用该函数时需要提供不可或缺的实参信息以及任意数量的额外名称值对,例如颜色与保修期等。

16. 修改程序。修改 8.4.1 节中的程序,并将对其中函数的调用放在另一个名为 functions.py 的程序文件中进行,在其开头通过 import 语句来导入模块 3D_printing,以使用其函数。

17. 导入模块练习。任意选择一个读者所编写且仅包含一个函数的程序,将其作为模块来使用。新建一个程序,并在该程序中使用下列各种方法导入模块,并成功调用模块中的函数:

```
import module_name
from module_name import function_name
from module_name import function_name as fn
import module_name as mn
from module_name import *
```

18. 函数编写指南。请读者检查自己在本章中编写的 3 个程序,以确保它们都符合本章 8.7 节中所介绍的函数编写指南。

第 9 章 类

　　面向对象编程(object oriented programming，OOP)是最有效的程序设计和软件开发方法之一。如今，面向对象的概念及其应用已超越了程序设计与软件开发的范畴，扩展到如数据库系统、交互式界面、应用结构、应用平台、分布式系统、网络管理结构、计算机辅助设计(computer aided design，CAD)技术、人工智能(artificial intelligence，AI)等领域。面向对象是一种对现实世界理解和抽象的方法，是计算机编程技术发展到一定阶段后的产物。简而言之，面向对象编程是一种计算机编程架构。OOP 的一条基本原则是计算机程序由单个能够起到子程序作用的单元或对象组成，它达到了软件工程的 3 个主要目标：重复使用性、灵活性与扩展性。OOP 相当于对象、类、继承、多态与消息的结合体，其中的核心概念是类和对象。

　　编写类时，用户定义一大类对象都有的通用行为。而基于类创建对象时，每个对象都将自动继承这些通用行为，然后再依据需要赋予每个对象独特的个性。使用 OOP 可模拟现实情景，其逼真程度达到了令人惊讶的水平。

　　依据类去创建对象被称为实例化，本章将编写一些类并创建其实例。用户可以指定在实例中存储什么信息，定义可以对这些实例执行哪些操作。还可以编辑一些类用于扩展既有类的功能，使相似的类可共享代码。用户可以将把自己编写的类存储在模块中，并在自己编辑的程序中导入其他程序员所编写的类。

　　充分理解 OOP 有助于用户养成一种思维方式，以及真正理解自己所编辑的代码的意义。不仅是通过各行代码来完成单一任务，还有其背后所包含的更宏伟的理念。了解类背后的理念可培养逻辑思维，使用户能够通过编写程序来应对遇到的几乎所有问题。

　　全球局势的变化，使人们面临的挑战日益严峻。试想一下，若程序员基于同样的思维逻辑来编写程序，那么他们相互之间就能更轻松地理解对方所做的工作，个人所编写的代码能够被众多合作者所理解，从而使每个人都能事半而功倍。

9.1　类的创建及使用

　　利用类基本可以模拟任何事物。接下来尝试编辑一个表示宠物小狗的类，它表示的不是特定的宠物小狗，而是所有的狗。回忆一下，生活中大多数的宠物狗都有哪些特性呢？它们都有自己的名字和年龄；有些小狗还会蹲下和打滚。鉴于大多数的小狗都具备上述两项讯息，即名字和年龄；两种行为，即蹲下和打滚，接下来所创建的类将包含这些。该类让 Python 知道如何创建表示宠物狗的对象。编写该类后，还将学习如何使用它来创建表示特定小狗的实例。

9.1.1　创建类

下面创建一个类,将其命名为 Dog。基于该 Dog 类所创建的每个实例都将存储名字与年龄。此外,还赋予了每个实例对象蹲下 sit()与打滚 roll_over()的能力。新建程序,其内容如下所示。

```
class Dog():
    """Try to create a pet dog class."""
    
    def __init__(self, name, age):
        """Initialize properties 'name' and 'age'."""
        self.name = name
        self.age = age
    
    def sit(self):
        """The puppy sits after receiving the command."""
        print(self.name.title() + " is now sitting.")
    
    def roll_over(self):
        """The puppy rolls after receiving the command. """
        print(self.name.title() + " rolled over!")
```

首先定义了一个名为 Dog 的类,根据约定,Python 中首字母为大写的名称就称为类。这个 Dog 类定义中的括号为空,因为本节要从空白创建这个 Dog 类。这里还编写了一个字符串文档,来对 Dog 类功能进行了描述。

1. 方法__init__()

类中的函数被称为方法,本书之前介绍的有关函数都适用于方法,唯一比较明显的差别是调用方法的方式。__init__()是一个特殊的方法,每当基于 Dog 类来创建新实例时,Python 都会自动运行它。在该方法的名称中,开头与末尾各有 2 条下画线,这是一种约定,在避免 Python 默认方法与普通方法发生名称冲突。

将方法__init__()定义为包含 3 个形参：self、name 与 age。在该方法的定义中,形参 self 必不可少,且必须位于其他形参之前。为什么必须在方法定义中包含形参 self 呢？这是因为当 Python 调用方法__init__()来创建 Dog 实例时,将自动传入实参 self。每个与类相关联的方法调用都将自动传递实参 self,其是一个指向实例本身的引用,使实例可以访问类中的属性与方法。当创建实例 Dog 时,Python 将调用 Dog 类的__init__()方法。程序则通过实参向 Dog 类传递宠物狗的名字与其年龄,而 self 将会自动传递,因此不需传递它。换句话讲,每当基于 Dog 类创建实例时,都只需要给后面的形参提供值。

上述程序中定义的两个变量都有 self 前缀,以 self 为前缀的变量可供类中所有的方法来使用,也可通过类的任何实例来访问这些变量。self.name = name 获取传递给形参 name 的值,并将其储存在变量 name 之中,再将该变量关联到当前创建的实例,self.age = age 的作用与此类似,像这样可以通过实例访问的变量被称为属性。此外,Dog 类还定义了另外两种方法,即方法 sit()与方法 roll_over()。因为这两种方法均不需要额外的讯息,例如名字或者年龄,因此它们只有一个形参 self。后面创建的实例能访问这些方法,也就是说，宠物狗都具备蹲下和打滚的能力。当前，方法 sit() 与 roll_over() 功能有限，它们仅能打印一则消息，但仍然可以扩展这些方法以模拟实际情况。如果这个类包含在一个计算机游戏中，这些方法将包含创建蹲下与打滚等动画效果的代码。

2. Python 2.7 中创建类

于 Python 2.7 中创建类时，需要做些许修改，在括号内包含 object，即 class ClassName(object)。这让 Python 2.7 中类的行为更类似 Python 3，从而简化用户的工作。所以在 Python 2.7 中定义 Dog 类时，代码如下所示。

```python
class Dog(object):
    """Try to create a pet dog class."""
```

9.1.2 根据类来创建实例

可将类视为如何创建实例的说明。Dog 类是一系列的说明，使 Python 知道如何创建表示特定宠物狗的实例。下面创建一个表示特定宠物狗的实例。

```python
class Dog():
    """Try to create a pet dog class."""

    def __init__(self, name, age):
        """Initialize properties 'name' and 'age'."""
        self.name = name
        self.age = age

    def sit(self):
        """The puppy sits after receiving the command."""
        print(self.name.title() + " is now sitting.")

    def roll_over(self):
        """The puppy rolls after receiving the command."""
        print(self.name.title() + " rolled over!")

pet_dog = Dog('william', 3)

print("My dog's name is " + pet_dog.name.title() + ".")
print("My dog is " + str(pet_dog.age) + " years old. ")
```

令 Python 创建一个对象：一条 3 岁的名为 william 的宠物狗。Python 会使用实参 william 与 3 来调用 Dog 类中的方法 __init__()，该方法创建一个表示特定宠物狗的实例，并利用提供的值来设置属性 name 与 age。__init__() 方法并未显式地包含 return 语句，但 Python 仍然会返回一个表示该宠物狗的实例，将该实例存储在一个名为 pet_dog 的变量中。

1. 访问属性

如果要访问实例的属性，可使用句点表示法。上述程序中编辑了一段代码来访问 pet_dog 的属性 name，语法为 pet_dog. name。这里 Python 首先找到了实例 pet_dog，再查找与该实例相关联的 name 属性值。Dog 类中引用该属性时,采用的是 pet_dog.name。程序中还采用同样的方法来获取 age 属性的值。通过 pet_dog.name.title()将 pet_dog 的 name 属性的值 william 改为首字母大写的形式,而后一行语句 str(pet_dog.age)将 pet_dog 的 age 属性值 3 转为字符串形式,其输出结果如下所示。

```
D:\python_learn>python pet_dog.py
My dog's name is William.
My dog is 3 years old.
```

2. 调用方法

基于 Dog 类创建实例后,便可采用句点法来调用 Dog 类中定义的任何方法了,效果如下所示。

```python
class Dog():
    """Try to create a pet dog class."""
    
    def __init__(self, name, age):
        """Initialize properties 'name' and 'age'."""
        self.name = name
        self.age = age
    
    def sit(self):
        """The puppy sits after receiving the command."""
        print(self.name.title() + " is now sitting.")
    
    def roll_over(self):
        """The puppy rolls after receiving the command. """
        print(self.name.title() + " rolled over!")

pet_dog = Dog('william', 3)
pet_dog.sit()
pet_dog.roll_over()
```

如果要调用方法,可指定实例名称与要调用的方法,并用浮点分割它们。遇到代码 pet_dog.sit()时,Python 就会在类 Dog 中查找方法 sit()并执行其中预设的代码。Python 也会以同样方式解读 pet_dog.roll_over(),输出结果如下所示。

```
D:\python_learn>python pet_dog.py
William is now sitting.
William rolled over!
```

如果给属性与方法指定了合适的描述性名称,类似 name、age、sit()与 roll_over(),即便是出现了从未见过的代码块,也能够大概推断出它们的用途。

3. 创建多个实例

可依据需求,基于类创建任意数量的实例,示例代码如下所示。

```python
class Dog():
    """Try to create a pet dog class."""
    
    def __init__(self, name, age):
        """Initialize properties 'name' and 'age'."""
        self.name = name
        self.age = age
    
    def sit(self):
        """The puppy sits after receiving the command."""
        print(self.name.title() + " is now sitting.")
    
    def roll_over(self):
        """The puppy rolls after receiving the command."""
        print(self.name.title() + " rolled over!")

pet_dog_00 = Dog('william', 3)
pet_dog_01 = Dog('doughton', 1)

print("My dog's name is " + pet_dog_00.name.title() + ".")
print("My dog is " + str(pet_dog_00.age) + " years old. ")
pet_dog_00.sit()

print("\nHer dog's name is " + pet_dog_01.name.title() + ".")
print("Her dog is " + str(pet_dog_01.age) + " years old. ")
pet_dog_01.roll_over()
```

该示例分别创建了两个对象，分别为 william 和 doughton。每个对象都是一个独立的实例，拥有自己的一组属性，运行结果如下所示。

```
D:\python_learn>python pet_dog.py
My dog's name is William.
My dog is 3 years old.
William is now sitting.

Her dog's name is Doughton.
Her dog is 1 year old.
Doughton rolled over!

D:\python_learn>_
```

但即便是给第二条宠物狗指定同样的名字与年龄，Python 依旧会基于类 Dog 来创建另外一个实例。可以按需求基于一个类来创建任意数量的实例，条件是将每个实例都存储在不同的变量之中，或者是占用列表、字典的不同位置。

9.2 类的实例

用户还可以使用类建模现实生活中诸多的情景，编写好类之后，用户的绝大部分精力与时间都花费到使用这些基于类所创建的实例上。接下来介绍修改实例的属性，用户可以直接修改实例的属性,也可编写方法以特定方式来修改。

9.2.1 汽车类

本节编辑一个描述汽车的类,其将被用于存储有关汽车的信息以及汇总这些信息的方法,新建程序如下所示。

```
class Car():
    def __init__(self, brand, model, time):
        self.brand = brand
        self.model = model
        self.time = time

    def describe_car(self):
        full_info = str(self.time) + ' ' + self.brand + ' ' + self.model
        return full_info

car = Car('Mercedes-Benz', 'S500L', 2020)
print(car.describe_car())
```

程序中定义方法__init__(),该方法第一个形参为 self,其余 3 个形参分别为 brand、model、time。方法__init__()接收了这些形参,并将它们存储在基于这个类所创建实例的属性之中。在需要创建新的汽车实例时,需要指定品牌、车型与出厂年份。因此,定义了一个名为 describe_car()的方法,它能够使用 brand、model、time 来创建一个描述汽车的字符串,使用 self.brand = brand、self.model = model、self.time = time 来访问该方法中属性的值。基于类 Car 创建一个实例,将其存储在变量 car 中。接下来,调用类 Car 的 describe_car()方法,打印一个字符串指出车辆出产时间与地点几几年出产的什么车,代码如下所示。

运行上列程序,其终端中所打印的结果如下所示。

```
D:\python_learn>python describe_car.py
2020 Mercedes-Benz S500L

D:\python_learn>_
```

9.2.2 为属性指定默认值

与函数类似,类的每一个属性都必须含有初始值,即便该值为空字符串或是 0。因此,方法__init__()中指定默认值为初始值,在某些情况下是可行的,这样就不需要在定义类时再为其形参提供初始值了。

修改 9.2.1 节的程序,为其添加一个名为 reading_mileage 的属性,设置其初始值为 0。另外添加一个名为 mileage_read() 的方法,用于读取汽车里程。当 Python 再次调用其__init__()方法来创建新的实例时,除了像之前示例一样以属性的方式存储 brand、model、time,Python 还将会创建 reading_mileage 属性,并为其设置初始值为 0,该方法成功地打印出该车的所有里程数,修改后的程序如下所示。

```python
class Car():
    def __init__(self, brand, model, time):
        self.brand = brand
        self.model = model
        self.time = time
        self.reading_mileage = 0

    def describe_car(self):
        full_info = str(self.time) + ' ' + self.brand + ' ' + self.model
        return full_info

    def mileage_read(self):
        print("The mileage of this car is: " + str(self.reading_mileage))

car = Car('Mercedes-Benz', 'S500L', 2020)
print(car.describe_car())
car.mileage_read()
```

运行修改后的程序，其在终端中的输出结果如下所示。

```
D:\python_learn>python describe_car.py
2020 Mercedes-Benz S500L
The mileage of this car is: 0


D:\python_learn>_
```

9.2.3 属性值的修改

Python 提供了 3 种不同的方式来修改属性值，分别是直接通过实例修改、通过方法设置、通过方法递增（增加特定的值），接下来依次介绍它们。

1. 直接通过实例修改

如果要修改属性的值，最直观简单的方法当然是通过实例直接访问它。接下来，本节尝试直接设置里程的读数，代码如下所示。

```
car = Car('Mercedes-Benz', 'S500L', 2020)
print(car.describe_car())

car.reading_mileage = 344
car.mileage_read()
```

直接修改属性值的方法是采用公式 variable.attribute = 'value'，套用在脚本中为 car.reading_mileage = 344，其中，car 为变量名，reading_mileage 则为上文中定义的、默认初始值为 0 的属性，这里依旧采用句点表示法，可理解为变量 car 的属性 reading_mileage 被设置为 344，完整的代码如下所示。

```
class Car():
    def __init__(self, brand, model, time):
```

```
        self.brand = brand
        self.model = model
        self.time = time
        self.reading_mileage = 0

    def describe_car(self):
        full_info = str(self.time) + ' ' + self.brand + ' ' + self.model
        return full_info

    def mileage_read(self):
        print("The mileage of this car is: " + str(self.reading_mileage))

car = Car('Mercedes-Benz', 'S500L', 2020)
print(car.describe_car())

car.reading_mileage = 344
car.mileage_read()
```

上述程序在终端中的执行结果如下所示。

```
D:\python_learn>python describe_car.py
2020 Mercedes-Benz S500L
The mileage of this car is: 344

D:\python_learn>_
```

有时需要像这样直接访问属性，但其他时候需要编写对属性进行更新的方法。

2．通过方法设置

通过方法设置属性大有裨益，用户无需再直接访问属性，可将值传递于一个方法，由它来更新属性的值。示例代码如下所示。

```
    def update_element(self, value):
        self.reading_mileage = value

car = Car('Mercedes-Benz', 'S500L', 2020)
print(car.describe_car())

car.update_element (255)
car.mileage_read()
```

由上列程序可以观察到，程序为类 Car 添加了一个名为 update_element() 的方法，该方法包含一个名为 value 的形参，即调用该方法时要求传递一个里程值给方法 update_element()，随后该值将会被传递给 self.reading_mileage。接下来，调用方法 update_element()，并向其传递一个 255 的实参，该实参对应方法定义中的形参 value。最后，调用方法 mileage_read() 打印该数值，其完整的程序如下所示。

```
class Car():
    def __init__(self, brand, model, time):
        self.brand = brand
        self.model = model
        self.time = time
        self.reading_mileage = 0

    def describe_car(self):
        full_info = str(self.time) + ' ' + self.brand + ' ' + self.model
        return full_info

    def mileage_read(self):
        print("The mileage of this car is: " + str(self.reading_mileage))

    def update_element(self, value):
        self.reading_mileage = value

car = Car('Mercedes-Benz', 'S500L', 2020)
print(car.describe_car())

car.update_element(255)
car.mileage_read()
```

执行该程序,其结果如下所示。

```
D:\python_learn>python describe_car.py
2020 Mercedes-Benz S500L
The mileage of this car is: 255

D:\python_learn>_
```

可以看到程序结果的里程数已经不再是前面的默认值了,其已经被成功地修改为 255。

接下来继续扩展 update_element() 方法,使其在能够与 if 语句相结合的同时,再来做些额外的工作。这里尝试添加 if 语句,来禁止在设置中擅自回调汽车里程数,示例如下所示。

```
class Car():
    --snip--

    def update_element(self, value):
        if value >= self.reading_mileage:
            self.reading_mileage = value
        else:
            print("The mileage must not be tampered with without authorization")
```

通过为原本的程序添加新逻辑,方法 update_element() 在修改属性前能够检查里程读数是否合理。如果新指定的数值大于或等于原本的里程数值,则将里程读数改为新指定的数值,否则发出警示。并打印一句话,指明不得擅自回调里程数值,其完整的代码如下面程序所示。

```python
class Car():
    def __init__(self, brand, model, time):
        self.brand = brand
        self.model = model
        self.time = time
        self.reading_mileage = 256

    def describe_car(self):
        full_info = str(self.time) + ' ' + self.brand + ' ' + self.model
        return full_info

    def mileage_read(self):
        print("The mileage of this car is: " + str(self.reading_mileage))

    def update_element(self, value):
        if value >= self.reading_mileage:
            self.reading_mileage = value
        else:
            print("The mileage must not be tampered with without authorization")

car = Car('Mercedes-Benz', 'S500L', 2020)
print(car.describe_car())

car.update_element(258)
car.mileage_read()
```

3．通过方法递增

这种方法无需将属性值设置为新值，仅需将属性值递增到特定的量即可。假设用户购入了二手汽车一辆，并且从入手到登记期间又增加了 200 千米里程。接下来，尝试新定义一个方法来使里程表读数递增，示例代码如下所示。

```python
class Car():

    def __init__(self, color, brand, model, year):
        self.color = color
        self.brand = brand
        self.model = model
        self.year = year
        self.car_mileage = 0

    def describe_car(self):
        message = 'A' + self.color + ' ' + self.brand.title() + ' ' + self.model
        message += ' is from the factory in' + ' ' + self.year
        return message

    def read_mileage(self):
        information = 'The mileage of this car is: ' + str(self.car_mileage)
        return information
```

```
    def change_mileage(self, value):
        if value >= self.car_mileage:
            self.car_mileage = value
        else:
            print('The mileage must not be tampered with without authorization')

    def mileage_increment(self, miles):
        self.car_mileage += miles

second_hand_car = Car('red', 'Audi', 'A4', '2012')
print(second_hand_car.describe_car())
print(second_hand_car.read_mileage())

second_hand_car.change_mileage(255)
print(second_hand_car.read_mileage())

second_hand_car.mileage_increment(200)
print(second_hand_car.read_mileage())
```

该程序新增了方法 mileage_increment()，并预留了一个形参 miles，用于接收传递给 mileage_increment() 的数值，并将其存储到 self.car_mileage 之中。创建了一个名为 second_hand_car 的变量，其描述了一辆 2012 年出厂的二手红色奥迪 A4 汽车，调用 change_mileage 方法为 car_mileage 传递了新里程值 255，用以将该车的里程重置为 255。接下来，调用 mileage_increment() 方法执行了一个累加运算，并为 car_mileage 又传递了新里程值 200，以增加从购买到登记期间行驶的里程。最后，运行程序查看其结果，以确保成功地完成了递增操作，其执行结果如下所示。

```
D:\python_learn>python second_hand_car.py
A red Audi A4 is from the factory in 2012
The mileage of this car is: 0
The mileage of this car is: 255
The mileage of this car is: 455
```

9.3 类的继承

当编写类时，并非类后面的括号总要为空。如果要编写的类是另外一个已有类的特殊版，在 Python 编程中则可使用类继承。当一个类继承另外一个类时，它将会自动获取另外一个类所有的属性与方法。原有的类就可被称为父类，新类称为子类。子类能够继承其父类所有的属性与方法，同时也可以定义自身的属性与方法。

9.3.1 子类的__init__()方法

当创建子类时，要求为其父类所有的属性赋值，以方便子类的方法__init__()来继承。来看一组自动驾驶汽车的例子，自动驾驶汽车作为特殊的汽车，其可继承 9.2.1 节的 Car 类，并在此基础上创建新类 AutonomousCar，这样仅需要为新类定义其自身特有的属性与方法就可以了,新建程序如下所示。

```python
class Car():
    
    def __init__(self, color, brand, model, year):
        self.color = color
        self.brand = brand
        self.model = model
        self.year = year
        self.car_mileage = 0
    
    def describe_car(self):
        info = "A" + self.color + " " + self.brand.title() + " " + self.model
        info += " " + "is from the factory in" + " " + str(self.year) + "."
        return info
    
    def read_mileage(self):
        message = "The mileage of this car is: " + str(self.car_mileage) + "."
        return message
    
    def update_mileage(self, num):
        if num >= self.car_mileage:
            self.car_mileage = num
        else:
            print("The mileage must not be tampered with without authorization")
    
    def mileage_increment(self, value):
        self.car_mileage += value

"""此处为子类"""
class AutonomousCar(Car):
    
    def __init__(self, color, brand, model, time):
        super().__init__(color, brand, model, time)

autonomous_car = AutonomousCar('red', 'tesla', 'modelS', 2016)
print(autonomous_car.describe_car())
```

先编写父类 Car 的代码,创建子类时,父类须包含在当前文件中,且位于子类前头。在程序中定义了子类 AutonomousCar,需要在子类括号内指定其父类的名称,这里指定为 Car。其后,方法__init__接受创建 Car 实例需要的形参信息。super()函数能够将父类与其子类相关联,允许 Python 去调用父类的__init__()方法,使得子类 AutonomousCar 包含其父类 Car 中所有的属性信息,这里的父类也被称为超类(superclass)。

为了测试子类与父类的继承是否能正确运行,尝试创建了一个自动驾驶汽车实例,其提供的信息与创建普通汽车实例 second_hand_car 时相同。创建 AutonomousCar 子类的一个实例,并将其存储进 autonomous_car 变量之中,调用 AutonomousCar 子类中定义的__init__()方法,后者使 Python 能够调用其父类 Car 中定义的__init__()方法,因此需要提供实参'red','tesla','modelS',2016。

在该程序中，除了__init__()方法外，自动驾驶汽车实例 AutonomousCar 并不具备其他特有的属性与方法，其运行结果如下所示。

```
D:\python_learn>python autonomous_car.py
A red Tesla modelS is from the factory in 2016.

D:\python_learn>_
```

9.3.2 为子类定义属性与方法

一个类继承了另外一个类之后，可添加区分子类与其父类所需的新属性与方法，示例代码如下所示。

```python
class Car():

    def __init__(self, color, brand, model, year):
        self.color = color
        self.brand= brand
        self.model = model
        self.year = year
        self.car_mileage = 0

    def describe_car(self):
        info = "A" + self.color + " " + self.brand.title() + " " + self.model
        info += " " + "is from the factory in" + " " + str(self.year) + "."
        return info

    def read_mileage(self):
        message = "The mileage of this car is: " + str(self.car_mileage) + "."
        return message

    def update_mileage(self, num):
        if num >= self.car_mileage:
            self.car_mileage = num
        else:
            print("The mileage must not be tampered with without authorization")

    def mileage_increment(self, value):
        self.car_mileage += value

"""此处为子类"""
class AutonomousCar(Car):

    def __init__(self, color, brand, model, time):
        super().__init__(color, brand, model, time)
        self.chip_type = 'Ryzen V 180F chip'

    def describe_chip(self):
```

```
        print("This car has a " + self.chip_type + '.')
autonomous_car = AutonomousCar('red', 'tesla', 'models', 2016)
print(autonomous_car.describe_car())
autonomous_car.describe_chip()
```

为 AutonomousCar 子类添加一个特有的属性，并编写一条描述该属性的方法，再为 AutonomousCar 子类添加一条自动驾驶汽车特有的自定义属性 self.chip_type，并为其赋值 ' Ryzen V 180F chip '。这样一来，基于 AutonomousCar 子类所创建的所有实例都将包含该属性，但所有基于 Car 父类创建的实例均不包含该属性。除此之外，又为子类 AutonomousCar 添加了一个 describe_chip() 方法，它能够打印一条信息介绍自动驾驶汽车使用的芯片。调用该方法，将打印一条自动驾驶汽车特有的描述。

执行上述程序，其结果如下所示。

```
D:\python_learn>python autonomous_car.py
A red Tesla modelS is from the factory in 2016.
This car has a Ryzen V 180F chip.

D:\python_learn>_
```

对于 AutonomousCar 子类的特殊化程度没有任何限制，当模拟自动驾驶汽车时，读者可以依据需求添加任意数量的属性与方法。如果一个属性与方法是任何汽车都有的，而不是自动驾驶汽车特有，则应将其添加到父类 Car 中，而非 AutonomousCar 子类之中。

9.3.3 父类的重写

对于父类的方法，如果其不符合子类模拟实物的要求，可将其重写，仅需要在子类中用父类方法的方法名，重新定义该方法即可。这样，Python 就不会考虑父类的方法，而仅关注子类中新定义的相应方法。

修改 9.3.2 节中的程序，在其父类 Car 中添加一个 device_control() 方法，用于介绍车辆的操控方式。Car 类的普通汽车为 Manual operation（人工操控），这显然不符合自动驾驶汽车的操控方法，因此 AutonomousCar 子类需对其 Car 父类的 device_control() 方法进行重新定义，示例代码如下所示。

```
class Car():
    --snip--
    def device_control(self):
        print("Manual operation.")

"""此处为子类"""
class AutonomousCar(Car):
    --snip--
    def device_control(self):
        print("Automatic operation.")
```

```
autonomous_car = AutonomousCar('red', 'tesla', 'modelS', 2016)
print(autonomous_car.describe_car())
autonomous_car.describe_chip()
autonomous_car.device_control()
```

如上述程序所示，如果调用 device_control()方法，Python 会忽略 Car 类中对方法 device_control()的定义，而调用 AutonomousCar 子类中对 device_control()方法的新定义，不同的运行结果如下所示。

（1）如果没有在 AutonomousCar 子类中修改 device_control()方法的定义，程序运行结果如下所示。

```
D:\python_learn>Python autonomous_car.py
A red Tesla modelS is from the factory in 2016.
This car has a Ryzen V 180F chip.
Manual operation.
```

（2）如果在 AutonomousCar 子类中修改 device_control()方法的定义，程序运行结果如下所示。

```
D:\python_learn>Python autonomous_car.py
A red Tesla modelS is from the factory in 2016.
This car has a Ryzen V 180F chip.
Automatic operation.
```

Python 中类的继承，有助于子类保留父类的必要信息，而子类可以通过自定义属性与方法或者重写父类，则能够剔除不符合子类需求的父类属性与方法。

9.3.4 将实例用作属性

当使用一个类来模拟实物时，随着模拟越来越仔细，需要添加的细节也越来越多，这样会导致属性、方法清单以及文件都过于冗长。因此，可以选择将一个完整的类拆分为多个协调工作且独立的小类。例如，当不断给子类 AutonomousCar 添加细节时，可能会包含许多专门针对自动驾驶汽车的属性与方法。因此，可以将这些属性与方法提取出来，放进一个名为 Attribute()的类中，并将 Attribute()作为 AutonomousCar 类的一个属性，如下所示。

```
class Car():

    --snip--

class Attribute():

    def __init__(self, chip_type = "Ryzen V 180F chip"):
        self.chip_attribute = chip_type

    def device_control(self):
        print("Automatic operation.")
```

```
    def describe_chip(self):
        print("This car has a " + self.chip_attribute + '.')

class AutonomousCar(Car):
    
    def __init__(self, color, brand, model, year):
        super().__init__(color, brand, model, year)
        self.chip_type = Attribute()

autonomous_car = AutonomousCar('red', 'tesla', 'model s', 2016)
print(autonomous_car.describe_car())
autonomous_car.chip_type.device_control()
autonomous_car.chip_type.describe_chip()
```

在程序中定义了一个新类 Attribute，它后面的括号为空，也就是说它没有继承任何类。方法 __init__() 中除了 self 之外，还有一个名为 chip_type 的形参，该形参是可选的，用户可向其提供值，如果没有给它提供值，chip_type 将维持默认设置 Ryzen V 180F chip。此外，方法 device_control() 与方法 describe_chip() 也被移动到了 Attribute() 类中。

在 AutonomousCar 类中，还添加了一个名为 self.chip_type 的属性，令 Python 创建一个新的 Attribute 实例，并将该实例储存于属性 self.chip_type 中。每当方法 __init__() 被调用时，都将执行该操作。所以现在每个 AutonomousCar 实例都包含一个自动创建的 Attribute 实例，完整的程序如下所示。

```
class Car():
    
    def __init__(self, color, brand, model, time):
        self.color = color
        self.brand= brand
        self.model = model
        self.time = time
        self.car_mileage = 0
    
    def describe_car(self):
        message = "A" + self.color + " " + self.brand.title() + " "
        message += self.model + " " + "is from the factory in" + " "
        message += str(self.time) + "."
        return message
    
    def describe_mileage(self):
        info = "The mileage of this car is: " + str(self.car_mileage) + "."
        return info
    
    def change_mileage(self, value):
        if self.car_mileage <= value:
            self.car_mileage = value
        else:
```

```python
        print("The mileage must not be tampered with without authorization")

    def update_mileage(self, number):
        self.car_mileage += number

class Attribute():
    """divided into a sub.class"""

    def __init__(self, chip_type = "Ryzen V 180F chip"):
        self.chip_attribute = chip_type

    def device_control(self):
        print("Automatic operation.")

    def describe_chip(self):
        print("This car has a " + self. chip_attribute + '.')

class AutonomousCar(Car):

    def __init__(self, color, brand, model, year):
        super().__init__(color, brand, model, year)
        self.chip_type = Attribute()

autonomous_car = AutonomousCar('red', 'tesla', 'model s', 2016)
print(autonomous_car.describe_car())
autonomous_car.chip_type.device_control()
autonomous_car.chip_type.describe_chip()
```

该程序创建了一个变量 autonomous_car，当需要描述驾驶方法或加载的芯片类型时，需要使用 AutonomousCar 的 chip_type 属性，其语法为 autonomous_car.chip_type.device_control() 与 autonomous_car.chip_type.describe_chip()。该代码可令 Python 在实例 autonomous_car 中查找 chip_type 属性，并对存储在该属性中的 Attribute 类分别调用其方法 device_control() 与 describe_chip()。

在终端中执行程序，其结果如下所示。

```
D:\python_learn>python self_drive_car.py
A red Tesla model s is from the factory in 2016.
Automatic operation.
This car has a Ryzen V 180F chip.

D:\python learn>_
```

将大类拆分为多个协调工作且独立的小类，看似使程序变得更复杂了，且做了额外的工作，但其允许用户详细地描述自动驾驶汽车的特殊属性，仅需要更改类，程序中所有调用该类的地方皆可被修改。接下来，给类 Attribute 再添加一个 chip_information() 方法，来介绍自动驾驶汽车所搭载的芯片与其续航里程之间的关系。

```
class Car():
```

```
    --snip--
class Attribute():
    --snip--
    def chip_information(self):
        if self.chip_attribute == "Atom A3950":
            range = 626
        elif self.chip_attribute == "Ryzen V 180F chip":
            range = 602
        else:
            range = 546

        message = "The cruising range of a car with the " + self.chip_attribute
        message += " chip is: " + str(range)
        print(message)

class AutonomousCar(Car):
    --snip--
autonomous_car = AutonomousCar('red', 'tesla', 'model s', 2016)
print(autonomous_car.describe_car())
autonomous_car.chip_type.device_control()
autonomous_car.chip_type.describe_chip()
autonomous_car.chip_type.chip_information()
```

如上所示，新增了方法 chip_information() 并做了一组简单的判定：如果搭载的芯片为 Atom A3950，则续航里程为 626；若搭载 Ryzen V 180F chip，则续航里程则为 602；否则，续航里程为 546。为使用这个方法，通过使用 AutonomousCar 的 chip_type 属性来调用 chip_information() 方法，终端中运行该程序的结果如下所示。

```
D:\python_learn>python self_drive_car.py
A red Tesla model s is from the factory in 2016.
Automatic operation.
This car has a Ryzen V 180F chip.
The cruising range of a car with the Ryzen V 180F chip is: 602
```

经过本节的学习，当用户遇到问题时，就能够从更宏观的逻辑层面思考，而非微观语法层面。事实上，用户需要思考的不应该只是函数表达和语法，而是如何使用代码作为工具来表现事物、处理问题。在此阶段用户会发现，只要程序如他们期望的那样被执行通过，就问题建模而言，其实已经不存在对错之分了，只是有些方法效率更高、更节约运算资源。但是，要想找出最高效的表示方法，是需要经过大量实践的。即便用户发现自己不得不多次尝试使用不同的方法来重写类，其实也大可不必气馁。因为，若要编写精准且高效的代码，都要经历这样的过程。

9.4 类的导入

随着类的属性与方法不断被扩展，文件会变得冗长。即便妥善地使用了类继承，这一点也无法有效解决。遵照 Python 之禅的理念，应使文件尽可能整洁。Python 为这个问题提供了帮助,其允许用户将类存储在模块之中,然后在主程序中导入所需的模块。

9.4.1 单个类的导入

下面创建一个只包含 Car 类的模块。如果文件夹中已经有一个名为 car.py 的文件,该模块可能导致重名,因此将 Car 类存储在一个名为 car.py 的模块中,覆盖文件夹中的 car.py 文件。之后,使用该模块的程序皆须使用更具体的文件名,如 self_drive_car.py。下列所示为 car.py 模块中 Car 类的代码。

```python
# The class that can be used to describe a car
# Apr 26th, 2022
class Car():

    def __init__(self, color, brand, model, year):
        """初始化描述汽车的属性"""
        self.color = color
        self.brand = brand
        self.model = model
        self.year = year
        self.mileage = 0

    def describe_car(self):
        """return 返回整洁的描述语"""
        info = "A" + self.color + " " + self.brand.title() + " "
        info += self.model + " " + "is from the factory in" + " "
        info += str(self.year) + "."
        return info

    def describe_mileage(self):
        """返回描述语指明汽车的里程"""
        info = "The mileage of this car: " + str(self.mileage) + "."
        return info

    def change_mileage(self, value):
        """拒绝回调里程值"""
        if self.mileage <= value:
            self.mileage = value
        else:
            print("The mileage must not be tampered with without authorization")

    def update_mileage(self, number):
        """累加里程"""
        self.mileage += number
```

上述程序在前两行包含了介绍模块作用的字符串,对模块的内容做了简要的描述,读者应该养成为创建的每一个模块都编写文档字符串的习惯。创建另一个程序文件,注意命名规则,做好区分。将新创建的程序命名为 my_car.py,导入前面编写的 Car 类到 my_car.py 中,并调用 Car 类中的属性与方法,示例代码如下所示。

```
from car import Car

my_car = Car("red", "tesla", "model s", 2018)
print(my_car.describe_car())
print(my_car.describe_mileage())
my_car.change_mileage(255)
print(my_car.describe_mileage())
my_car.update_mileage(200)
print(my_car.describe_mileage())
```

在上述程序中，使用 import 语句打开模块 car.py，并导出其中的 Car 类，这样就可以调用其中的属性与方法了，其输出结果如下所示。

```
D:\python_learn>python my_car.py
A red Tesla model s is from the factory in 2018.
The mileage of this car: 0.
The mileage of this car: 255.
The mileage of this car: 455.
```

导入类是一种有效的编程方式，通过将公有的属性与方法移动到一个单独的模块之中，并在需要时导入该模块，仍然可以使用其所有的功能，但主程序文件将变得更简单、易读。这还有助于将大部分的逻辑存储进独立文件之中，只需成功编译通过一次，就可以不必劳神打理，而专注于更高级的逻辑了。

9.4.2 多个类存储于同一模块中

同一模块中的类一般存在某些相关性，可以根据需要将任意数量的类存储于同一个模块中。举例来说，介绍车辆特征的 Attribute 类与描述自动驾驶汽车的 AutonomousCar 类都可帮助描述汽车，下面的示例中将这些类都添加进模块 car.py 中。

```
# The class that can be used to describe a car
# Apr 26th, 2022
class Car():
    --snip--

class Attribute():
    def __init__(self, chip_attribute = "Atom A3950 chip"):
        self.chip_type = chip_attribute

    def describe_chip(self):
        print("This car has a " + self.chip_type + ".")

    def control_device(self):
        print("Automatic operation.")

    def chip_information(self):
        if self.chip_type == "Atom A3950 chip":
```

```
            range = 626
        elif self.chip_type == "Ryzen V 180F chip":
            range = 602
        else:
            range = 546

        message = "The cruising range of a car with the " + self.chip_type
        message += ", range is: " + str(range) + "."
        print(message)

class AutonomousCar(Car):
    def __init__(self, color, brand, model, year):
        super().__init__(color, brand, model, year)
        self.chip = Attribute()
```

其完整代码如下所示。

```
# The class that can be used to describe a car
# Apr 26th, 2022
class Car():

    def __init__(self, color, brand, model, year):
        """初始化描述汽车的属性"""
        self.color = color
        self.brand = brand
        self.model = model
        self.year = year
        self.mileage = 0

    def describe_car(self):
        """return 返回整洁的描述语"""
        info = "A" + self.color + " " + self.brand.title() + " "
        info += self.model + " " + "is from the factory in" + " "
        info += str(self.year) + "."
        return info

    def describe_mileage(self):
        """返回描述语指明汽车的里程"""
        info = "The mileage of this car: " + str(self.mileage) + "."
        return info

    def change_mileage(self, value):
        """拒绝回调里程值"""
        if self.mileage <= value:
            self.mileage = value
        else:
            print("The mileage must not be tampered with without authorization")

    def update_mileage(self, number):
```

```python
        """累加里程"""
        self.mileage += number

class Attribute():
    def __init__(self, chip_attribute = "Atom A3950 chip"):
        self.chip_type = chip_attribute

    def describe_chip(self):
        print("This car has a " + self.chip_type + ".")

    def control_device(self):
        print("Automatic operation.")

    def chip_information(self):
        if self.chip_type == "Atom A3950 chip":
            range = 626
        elif self.chip_type == "Ryzen V 180F chip":
            range = 602
        else:
            range = 546

        message = "The cruising range of a car with the " + self.chip_type
        message += ", range is: " + str(range) + "."
        print(message)

class AutonomousCar(Car):
    def __init__(self, color, brand, model, year):
        super().__init__(color, brand, model, year)
        self.chip = Attribute()
```

新建一个文件,并导入 car.py 中的 AutonomousCar 类,创建一则自动驾驶汽车实例,详细代码如下所示。

```python
from car import AutonomousCar

autonomous_car = AutonomousCar("yellow", "tesla", "model S", 2018)
print(autonomous_car.describe_car())
autonomous_car.chip.describe_chip()
autonomous_car.chip.control_device()
autonomous_car.chip.chip_information()
```

其输出的结果如下所示。

```
D:\python_learn>python my_autonomous_car.py
An yellow Tesla model S is from the factory in 2018.
This car has a Atom A3950 chip.
Automatic operation.
The cruising range of a car with the Aton A3950 chip, range is: 626.
```

9.4.3 同一模块中导入多个类

用户还可根据需要在程序文件中导入任意数量的类。例如，如果要在同一程序中同时创建普通汽车与自动驾驶汽车，就需要将 Car 类与 AutonomousCar 类同时导入。新建一个程序，代码如下所示。

```
from car import Car, AutonomousCar

my_car = Car("red", "porsche", "cayenne", 2019)
print(my_car.describe_car())

my_autonomous_car = AutonomousCar ("yellow", "tesla", "model s", 2020)
print(my_autonomous_car.describe_car())
```

上述程序中，创建了两个参数，分别是出厂于 2019 年的红色保时捷卡宴以及出厂于 2020 年的黄色特斯拉 model s，上述程序在终端中的执行结果如下所示。

```
D:\python_learn>touch my_cars.py

D:\python_learn>python my_cars.py
A red Porsche cayenne is from the factory in 2019.
A yellow Tesla model s is from the factory in 2020.
```

9.4.4 整个类的导入

用户还能够导入整个模块，并使用句点表示法访问需要的类。这种导入模块的方法更为简便，代码也更易于阅读。鉴于创建类实例的代码都包含模块名，所以并不会与当前文件使用的任何名称发生冲突。下列所示的代码可以导入整个 car 模块，完整的程序如下所示。

```
import car

my_car = car.Car("black", "porsche", "cayenne", 2018)
print(my_car.describe_car())

my_autonomous_car = car. AutonomousCar("white", "tesla", "model s", 2020)
print(my_autonomous_car.describe_car())
```

在上述程序中，直接导入整个 car 模块，语法与导入函数类似。接着，使用语法 module_name. class_name 来访问需要的类，这里是 Car 类与 AutonomousCar 类。

9.4.5 模块中所有类的导入

导入模块中所有类的书写语法与调用函数时类似，其语法为 from module_name import *，将该公式套用进程序中，代码如下所示。

```
from car import *
```

```
my_car = Car("black", "porsche", "cayenne", 2018)
print(my_car.describe_car())

my_autonomous_car = AutonomousCar("white", "tesla", "model s", 2020)
print(my_autonomous_car.describe_car())
```

这里不推荐使用导入模块中所有类的导入方式,因为这类导入方式并没有明确地指明调用模块中包含哪些类,还可能引发名称冲突。因此,并不推荐频繁使用该种模块导入方式。然而,当读者阅读到此种语法结构的代码时,希望能够理解其作用。当需要从一个模块中导入许多个类时,最好导入整个模块,并使用 module_name.class_name 语法来访问类。

9.4.6 在一个模块中导入另一个模块

有时候也需要将类分散到多个模块中来避免模块过大,或者在同一个模块中存储不相关的类。将类存储在多个模块中时,可能会发现一个模块中的类依赖于另一个模块中的类。这种情况下,可以在前一个模块中导入必要的类。举例来讲,将 Car 类存储在一个模块中,并将类 AutonomousCar、类 Attribute 存储于另一个模块中。将第二个模块命名为 new_autonomous_car.py,并将 AutonomousCar、Attribute 类复制到该模块中,代码如下所示。

```
from car import Car

class Attribute():
    def __init__(self, chip_attribute = "Atom A3950 chip"):
        self.chip_type = chip_attribute

    def describe_chip(self):
        print("This car has a " + self.chip_type + ".")

    def control_device(self):
        print("Automatic operation.")

    def chip_information(self):
        if self.chip_type == "Atom A3950 chip":
            range = 626
        elif self.chip_type == "Ryzen V 180F chip":
            range = 602
        else:
            range = 546

        message = "The cruising range of a car with the " + self.chip_type
        message += ", range is: " + str(range) + "."
        print(message)

class AutonomousCar(Car):
    def __init__(self, color, brand, model, year):
        super().__init__(color, brand, model, year)
        self.chip = Attribute()
```

AutonomousCar 类需要访问其父类 Car，因此，直接将 Car 类导入到上述模块之中，如代码第 1 行所示。如果忽略这段代码，那么 Python 将在试图创建 AutonomousCar 实例时引发错误。此外，还需要更新 car 模块，使其包含 Car 类，程序如下所示。

```
# The class that can be used to describe a car
# Apr 26th, 2022
class Car():

    def __init__(self, color, brand, model, year):
        """初始化描述汽车的属性"""
        self.color = color
        self.brand = brand
        self.model = model
        self.year = year
        self.mileage = 0

    def describe_car(self):
        """return 返回整洁的描述语"""
        info = "A" + self.color + " " + self.brand.title() + " "
        info += self.model + " " + "is from the factory in" + " "
        info += str(self.year) + "."
        return info

    def describe_mileage(self):
        """返回描述语指明汽车的里程"""
        info = "The mileage of this car: " + str(self.mileage) + "."
        return info

    def change_mileage(self, value):
        """拒绝回调里程值"""
        if self.mileage <= value:
            self.mileage = value
        else:
            print("The mileage must not be tampered with without authorization")

    def update_mileage(self, number):
        """累加里程"""
        self.mileage += number
```

接下来分别从两个模块中导入所需的类，以根据需求创建任何类型的汽车。新建一个程序文件，其内容如下所示。

```
from car import Car
from new_autonomous_car import AutonomousCar

my_car = Car("yellow", "volkswagen", "beetle", 2014)
print(my_car.describe_car())

my_self_car = AutonomousCar("red", "tesla", "roadster", 2016)
```

```
print(my_self_car.describe_car())
```

在程序中，分别从模块 car 中导入了 Car 类、从模块 new_autonomous_car 中导入了 AutonomousCar 类。接下来，分别创建了一辆普通汽车 my_car 和一辆自动驾驶汽车 my_self_car，在计算机终端中的结果如下所示。

```
D:\python_learn>python my_new_car.py
A yellow Volkswagen beetle is from the factory in 2014.
A red Tesla roadster is from the factory in 2016.

D:\python_learn>_
```

9.4.7 自定义工作流程

在组织大型项目代码方面，Python 为用户提供了很多选项。熟悉所有选项对管理项目是十分必要的，这样用户才能确定选择哪种项目组织方式是最佳的，并更轻松地理解别人开发的项目。

通常，新手应该让代码结构尽可能简单，并尽可能在一个文件中完成所有工作，在确保一切都能够被准确、正常地执行后，再将类移动至独立的模块之中。当然，模块与文件的交互方式十分便利，在别人书写的项目中也很常见。所以，长期来看，在项目开始时就尝试将类存储在各个模块之中是长久之策。

9.5 Python 标准库

Python 标准库作为一组模块，默认包含在 Python 安装文件中。随着读者对类的工作原理有更深入的认识，应该已经可以使用标准库中的任何类与函数了，仅需要在撰写的主程序开头包含一条简单的 import 语句。众所周知，字典能使信息相互关联，但不能记录添加的键值对的顺序。如果想要创建字典并记录其中的键值对的添加顺序，则可利用 collections 模块中的 OrderedDict 类。OrderedDict 实例的行为几乎与字典相同，但区别在于其能记录键值对的添加顺序。下列示例将演示如何利用标准库对调查者参与调查的顺序进行记录。

```
from collections import OrderedDict

programming_languages = OrderedDict()

programming_languages['tim'] = ['python', 'c', 'c++']
programming_languages['joe'] = ['c++', 'ruby']
programming_languages['dave'] = ['c#']
programming_languages['andy'] = ['ruby', 'haskell']

for name, languages in programming_languages.items():
    print("-----------------------------------------------------")
```

```
    for language in languages:
        print(name.title() + " 's favorite programming language includes: " +
language.title() + ".")
```

从标准库 collections 中导入类 OrderedDict，创建一个 OrderedDict 类的实例，并将其存储于 programming_languages 中。这里并没有使用花括号，而是调用了 OrderedDict() 来创建一个空的有序字典。接下来，以每次一对的方式来添加名称——编程语言对，然后使用 for 循环来遍历 programming_languages，运行程序结果如下所示。

```
D:\python_learn>python ordered_programming_languages.py
----------------------------------------------------------
Tim's favorite programming language includes: Python.
Tim's favorite programming language includes: C.
Tim's favorite programming language includes: C++.
----------------------------------------------------------
Joe's favorite programming language includes: C++.
Joe's favorite programming language includes: Ruby.
----------------------------------------------------------
Dave's favorite programming language includes: C#.
----------------------------------------------------------
Andy's favorite programming language includes: Ruby.
Andy's favorite programming language includes: Haskell.
```

OrderedDict 是个不错的类，其兼具了列表与字典的优势，即同时关联信息与保留原来的顺序。伴随着对标准库认识的不断深入，读者还将学习到大量可辅助处理常见情景的 Python 标准库模块。

注意：用户有时候也需要从其他地方下载外部模块。本节后续将涉及使用外部模块，且外部模块在项目开发中也十分常见。

若想要了解更多关于 Python 标准库的讯息，Python 3 Module of the Week 网站是个不错的讯息渠道，该网站示意图如图 9-1 所示。

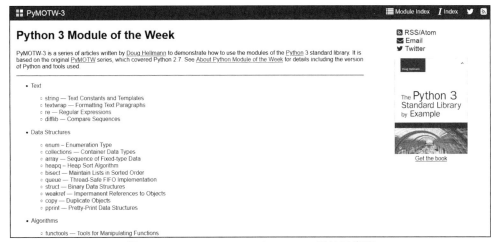

图 9-1　Python 3 Module of the Week 网站示意图

9.6 类的编码风格

程序员还必须熟悉一些和类相关的编码约定,特别是命名规则。一般习惯在类的命名中采用"驼峰命名法"(CamelCase),为加深读者记忆,本节用骆驼的剪影来形象化了驼峰命名法,如图 9-2 所示。

当类名是由一个或多个单词联结在一起而构成的唯一识别字时,第一个单词以小写字母开始,从第二个单词开始以后的每个单词的首字母都采用大写字母,而不使用下画线,称为小驼峰命名法,形如 lowerCamelCase。

每个单词的首字母都采用大写字母,而不使用下画线,称为大驼峰命名法,形如 UpperCamelCase,又称"帕斯卡拼写法"(PascalCase)。而实例名与模块的命名皆可采用小写格式,并需要在单词之间加下画线。

图 9-2　驼峰命名法的示意图

对于每个类,都应该在类定义后面包含一个文档字符串。这种文档字符串可以简要描述该类的功效,应严格遵循编写函数文档字符串时所采用的格式约定。每个模块也应包含一个文档字符串,对其中类的用法和功效进行讲解和描述。在类中,可以使用空行来分割方法;而在模块中,可使用两个空行来分割类。

当需要同时导入标准库中的模块与用户自定义的模块时,先编写导入标准库模块的 import 语句,添加空行后,再编写自定义模块的 import 语句。在含有多条 import 语句的程序中,这种做法可以帮助使用者理解各模块的来源。

9.7 本章小结

本章介绍了编写 class 类;采用类的属性存储信息;编写自定义的方法来使类具备相应的行为;编写方法 __init__() 的语法格式,以便依据类来创建包含所需属性的实例。此外,还介绍了修改实例的属性,包括直接修改与基于方法来修改两条途径。最后,介绍了使用类的继承来简化相关类的创建工作;将一个类的实例用作另一个类的属性。将类存储于模块之中,当需要使用时,在主程序中导入它们,这有助于项目组织有序。下一章将介绍文件的使用,这有助于将所做的工作保存在程序中;还将介绍异常,这是一种特殊的、可帮助用户应对错误的 Python 类。

9.8 习题

1. 炸鸡店。创建一个名为 Klanchicken 的类,其中方法 __init__() 包含了两个属性,分别是 shop_name 与 type_taste。另外创建一个名为 describe_shop() 与一个名为 open_shop() 的方法,其中,方法 describe_shop() 打印一条信息指明炸鸡店的名字与其口味,方法 open_shop() 打印一条信息指明该炸鸡店是否营业。根据这个类创建一个名为 fried_chicken 的实例，分别打印其两个属性，再调用两个方法。

2. 重复练习。基于练习 1 编写的类 Klanchicken，另外创建 3 个对象，并对每个对象调用方法 describe_shop()。

3. 宠物。创建一个名为 Pets 的类，其中包含属性 pet_name、pet_type、pet_age。在类 Pets 中定义一个名为 describe_pet 的方法，其可用于打印宠物信息。定义另一个方法命名为 pet_sounds()，其用于打印宠物的叫声。要求创建数个不同的对象，对每个对象均调用上述两个方法。

4. 游客数据。新建一个程序，将其命名为 tourist_data.py。在该程序中定义一个名为 Tourist 的类，该类包含一个名为 number_visitors 的属性，将其默认值设置为 0。根据这个类创建一个名为 tourist 的实例，要求打印出默认访客人数，然后随着访客增多，需要修改这个值并再次打印。

（1）添加一个名为 update_number() 的方法，它允许重新设置访客人数。仅需要调用方法 update_number()，就可以向 number_visitors 传递一个值，再次打印更新后的值。

（2）添加另一个方法 increment_number()，它能够在原本访客基数的基础上累积新人数。调用该方法并向它传递一个值，打印最终访客人数。

5. 在线人数。新建一个程序，并在其中编写一个名为 Users 的类，添加一个名为 login_num 的默认值属性，使得 self.login_num = 0。接下来，编写一个名为 increment_num() 的方法，它将属性 login_num 的值加 1。再编写一个名为 reset_num() 的方法，它将 login_num 属性的值重置为 0。基于 Users 类创建一个实例，再多次调用方法 increment_num()。打印属性 login_num 的值，确认其能被正确地递增；调用 reset_num() 方法，并再次打印属性 login_num 的值，确认它已被重置为 0。

6. 餐 Bar。创建一个名为 Klanchicken 的类，其中方法 __init__() 包含了两个属性，分别为 shop_name 与 type_taste。另外创建一个名为 describe_shop() 与一个名为 open_shop() 的方法，其中，方法 describe_shop() 打印一条信息指明炸鸡店的名称与其口味，方法 open_shop() 打印一条信息指明该炸鸡店是否营业。根据这个类创建一个名为 fried_chicken 的实例，分别打印其两个属性，再调用两个方法。编写一个新的类 Bar，其作为特殊的快餐店，令 Bar 类继承 Klanchicken 类的属性与方法，并在其中添加一个 flavors 属性，用于存储一个由不同口味的炸鸡组成的列表。编写一个显示这些口味炸鸡的方法，创建一个实例，并将其命名为 BarSnack，调用该方法。

7. 管理员。管理员作为特殊的 Users 用户。编写一个 Admin 类，让它继承练习 5 中编写的一个名为 Users 的类，该类包含一个名为 login_num 的默认值属性，使得 self.login_num = 0。此外，类 Users 还包含一个 increment_num() 方法，它将属性 login_num 的值加 1；以及一个 reset_num() 方法，它将 login_num 属性的值重置为 0。

（1）在习题 5 中，基于 Users 类创建了一个实例，用于多次调用方法 increment_num()，并打印属性 login_num 的值，确认其能被正确地递增。调用 reset_num() 方法，并再次打印属性 login_num 的值，确认它已被重置为 0。

（2）再添加一个名为 privileges 的属性，用于存储一个由字符串组成的列表，内容包括 "post"、"delete post"、"mute user"。定义一个名为 inform_privileges() 的方法，它被用于显示管理员的职能权限。创建一个名为 administrator 的实例，用于调用类 Admin。

8. 管理员权限。改写习题 7，提取 Privileges 作为一个单独的类，它只有一个属性 privileges，其存储了习题 7 中的字符串列表，并将 inform_privileges() 方法移至 Privileges 类中。在 Admin 类中，将 Privileges 类作为其属性，另外创建一个名为 administrator 的实例，并调用 inform_privileges() 方法来显示其权限。

9. 升级芯片。在 9.3.4 节的示例代码中，为类 Attribute 添加一个名为 upgrade_chip() 的方法，用于判定芯片型号是否为"Ryzen V 180F chip"，若不是，则将其设置为"Ryzen V 180F chip"。创建一辆芯片型号为默认值（"Atom A3950 chip"）的自动驾驶汽车，调用方法 chip_information()，然后对芯片进行升级，再次调用方法 chip_information()。确认芯片升级后，该汽车的续航里程是否有变化。

10. 导入 Klanchicken 类。将练习 6 中的 Klanchicken 类与 Bar 类存储进一个模块之中。另外创建一个文件，并在该文件中导入 Bar 类。创建一个实例，用于调用 Klanchicken 与 Bar 中的方法，确保 import 语句工作无误。

11. 导入 Admin 类。基于练习 8，将其中的类 Users、Privileges 与 Admin 存储在同一个模块中，再另外创建一个新文件，并在其中创建一个名为 administrator 的实例，对其调用 inform_privileges() 方法，确保一切都可正常地被执行。

12. 多个模块。新建 3 个程序文件，将练习 11 中的 Users 类存储于一个模块中，再将 Privileges 与 Admin 类存储于另一个模块中。再在第 3 个程序中创建一个 administrator 实例，调用 inform_privileges() 方法，并确保一切依旧可以被正确地执行。

13. OrderedDict 类的巩固训练。基于第 6 章中的练习 6，结合标准库 collections 中的类 OrderedDict，重新编写程序。

（1）创建一个拟计划调查的人员名册。

（2）另外创建一个在实际调查中，不希望接受调查或不会编程的受访人员列表。

（3）for 循环遍历计划调查的人员名册，对接受调查的人表示感谢，对未参与调查的人，则打印 Python 大法好！

14. Random Integers（摇骰子）。random 模块提供了一个基于 Mersenne Twister 算法的快速伪随机数生成器，其中 randint() 方法能够返回一个指定范围内的整数，其示例代码如下所示。

```
import random

print('[1,100]:',end=' ')

for i in range(3):
    print(random.randint(1,100),end='')

print('\n[-5,5]:',end=' ')
for i in range(3):
    print(random.randint(-5,5),end=' ')
```

创建一个包含名为 sides 属性的类 Die，其中 sides 属性的默认值是 6。编写一个方法，并将其命名为 roll_die()，它能打印位于 1 和骰子面数之间的随机数。创建一个 6 个面的骰子，再掷该骰子 10 次。创建一个 10 个面的和一个 20 个面的骰子，并将它们都掷 10 次。

第 10 章　文件与异常

基于前面的学习,读者已具备编写有序且易用的程序所需的能力,是时候思考如何使程序更加明确、用途更广了。本章将介绍如何处理文件,并使程序可以更快地分析数量庞大的数据;如何处理错误,以防止程序面对意外情况时崩溃;异常,其是 Python 所创建的特殊对象,常被用来处理程序运行过程中出现的错误;json 模块,其能够保存用户数据,避免程序运行停止后丢失。文件的处理与数据的保存有助于用户编写的程序更加易用:用户输入什么样的数据、何时输入,将是有选择性的;用户使用程序完成一些任务后,也可将其关闭,待以后继续往下进行。学会异常的处理有助于用户应对文件不存在的情况,以及处置可导致程序崩溃的情况。这使得程序在面对存在错误的数据时鲁棒性更强,不论错误数据是无意产生的还是用于恶意破坏的,本章介绍的知识有助于显著提高程序的适用性与稳定性。

10.1　读取文件数据

文本文件可存储的数据量庞大,每当需要分析或者是修改存储在文件中的信息时,必须读取这些文件,对数据分析应用程序来讲尤其如此。如果要编写一个程序用于读取一个文本文件的内容,重新设置这些数据的格式并将其写入文件中,并令终端可以显示这些内容。如果要使用文本文件之中的数据,需要将数据读取到内存中,可一次性读取全部的文件内容,也可以以每次一行的方式来读取。下面来介绍如何读取整个文件。

10.1.1　读取整个文件

若要使用 Python 读取文件,需要有一个包含文本的文件。创建一个含有圆周率 π 并精确到其小数点后 30 位数的文本文件,且小数点后每 10 个数字处都执行换行。新建文本文件命名为 pi.txt,如图 10-1 所示。

图 10-1　新建文本文件命名为 pi.txt

创建 pi.txt 的方法是:在计算机终端提示符中键入 cd folderName 命令,进入到对应的文件夹中(folderName);再键入 touch pi.txt,创建一个名为 pi 的 .txt 格式的文本文件;继续在终端中键入 notepad pi.txt 命令，打开名为 pi.txt 的文本文件；最后，在其中粘贴所需数字，保存并关闭文本文件。创建 pi.txt 文件与访问该文件的方法如下所示。

```
D:\python_learn>touch pi.txt

D:\python_learn>notepad pi.txt
```

在 pi.txt 文本文件所在文件夹的同一目录下，创建一个名为 pi_reader.py 的 python 程序，其中的程序能够打开并读取 pi.txt 中的文本，并将其中的内容显示在屏幕上，代码如下所示。

```python
with open('pi.txt') as file_object:
    contents = file_object.read()
    print(contents)
```

函数 open() 可接受一个参数，即要打开的文件名称，而 Python 会在当前执行文件所在的目录下查找指定文件。在上述代码中，当前运行的是程序 pi_reader.py，因此 Python 会在该程序所在的目录下查找名为 pi.txt 的文件，open() 函数返回一个表示文件的对象 file_object。这里，open('pi.txt') 会返回一个表示文件 pi.txt 的对象，而 Python 将该对象存储在将会在后面使用的变量中。

关键字 with 在不需要访问该文件后将其关闭。在上述程序中，调用了函数 open()，但未曾调用 close()。虽然也可以调用 open() 和 close() 来打开和关闭文件，但这样做时，如果程序存在 bug 导致 close() 语句未执行，文件将不会关闭。而未妥善关闭文件可能导致数据受损或丢失。如果程序中过早调用函数 close()，则会发现在需要使用文件时它已关闭而无法访问，这会导致更多的 bug。并非在任何情况下都可以轻松确定关闭文件的恰当时机，但通过使用前面所示的结构，可令 Python 自行确定，用户只需要打开文件，并在需要时使用它，Python 会在合适的时候自动将其关闭。

有了表示 pi.txt 的文件对象后，使用方法 read() 读取文件 pi.txt 的全部内容，并将其作为一个字符串存储在变量 contents 之中。打印 contents 的值，便可将文本文件的内容显示在屏幕上，终端中输出的结果如下所示。

```
D:\python_learn>python pi_reader.py
3.1415926535
  8979323846
  2643383279

D:\python_learn>
```

与 pi.txt 文本文件相比，上述输出末尾多出一个空行。这是由于方法 read() 在抵达文件末尾时，会返回一个空字符串，而该空字符串显示出来时正是一个空行。如果想要删除多出来的这个空行，可以在 print 语句中使用 rstrip()，代码如下所示。

```python
with open('pi.txt') as file_object:
    contents = file_object.read()
    print(contents.rstrip())
```

本书前面介绍过 rstrip()方法可以用来删除字符串末尾的指定字符(默认为空格)。在打印 contents 时使用 rstrip()，可以使输出结果与读取的原始文件内容完全一致。

10.1.2 通过路径读取文件

当把 pi.txt 这类的文本文件传递给 open()函数时，Python 将默认在当前执行程序的目录中查找名为 pi.txt 的文件。如果需要打开不在程序所属目录中的文件时该如何处理呢？

在终端中输入"mkdir folderName"，folderName 意为自定义文件夹名称，这里的文件夹被命名为 folder_test。用于新建一个名为 folder_test 的文件夹，并将主程序移至其中。

```
D:\python_learn>mkdir folder_test
```

继续输入"copy d:\python_learn\pi_reader.py d:\python_learn\folder_test"，即将 D 盘中的 python_learn 文件夹中的 pi_reader.py 文件复制到 folder_test 文件夹中。

```
D:\python_learn\folder_test>copy d:\python_learn\pi_reader.py d:\python_learn\folder_test
已复制         1 个文件。
```

也可以输入："move d:\python_learn\pi_reader.py d:\python_learn\folder_test"，如果该文件夹下已经存在同名文件，那么将会让用户再次确认。

```
D:\python_learn\folder_test>move d:\python_learn\pi_reader.py d:\python_learn\folder_test
覆盖 d:\python_learn\folder_test\pi_reader.py 吗?(Yes/No/All):    Yes
移动了         1 个文件。
```

接着，将程序文件存放在文件夹 folder_test 中，输入"cd folder_test"。

```
D:\python_learn>cd folder_test
```

继续在终端中输入"dir"，可以查看 folder_test 文件夹中所包含的所有文件，如下列代码所示，可以看到其中已经包含了一个 pi_reader.py 文件，于 2022 年 05 月 12 日 18 时 38 分被创建。

```
D:\python_learn\folder_test> dir
 驱动器 D 中的卷是 LENOVO
 卷的序列号是 9255-DADC

 D:\python_learn\folder_test 的目录

2022/05/13  12:00    <DIR>          .
2022/05/13  12:00    <DIR>          ..
2022/05/12  18:38               106 pi_reader.py
2022/05/13  10:44    <DIR>          text_files
            1 个文件            106 字节
```

```
            3 个目录          326,543,929,344 可用字节

D:\python_learn\folder_test>_
```

在该文件夹中还有一个名为 text_files 的子文件夹,其被用于存放供读取与操作的文本文件,这里是 pi.txt。虽然 text_files 子文件夹依然包含在 folder_test 文件夹中,但如果参照 10.1.1 节示例向函数 open()传递位于该文件夹中的文件名称是不可行的,如下所示,报错显示找不到文件 pi.txt。

```
D:\python_learn\folder_test>python pi_reader.py
Traceback (most recent call last):
  File "pi_reader.py", line 1, in <module>
    with open('pi.txt') as file_object:
FileNotFoundError: [Errno 2] No such file or directory: 'pi.txt'

D:\python_learn\folder_test>_
```

报错的原因是 Python 仅能在 folder_test 文件夹中查找名为 pi.txt 的文本文件,而不会在其子文件夹 text_files 中查找。如果 Python 需要打开本程序文件夹之外的文件,需为其提供文件路径,才能令 Python 进入系统特定的区域位置查找 pi.txt。鉴于 text_files 是位于 folder_test 文件夹中的子文件夹,因此可以用相对文件路径来打开该文件夹中的文件。而相对文件路径能够使 Python 到特定的区域查找,该相对位置是相对应于当前程序所在的文件目录存在的。在 Linux 和 OS X 系统中,其语法结构如下所示。

```
with open("text_files/pi.txt") as file_object:
    contents = file_object.read()
    print(contents.rstrip())
```

上述第一行代码使 Python 准确地定位到文件夹 folder_test 下的子文件夹 text_files 中,去查找指定的 pi.txt 文件。

在 Windows 系统中,需要在文件路径中使用反斜杠(\)而不是斜杠(/),请读者留意 Windows 系统与 Linux 和 OS X 系统微妙的书写差异。

```
with open("text_files\\pi.txt") as file_object:
```

当然,用户也可以将文件在计算机中的准确位置告诉 Python,这样就不必提供当前执行程序的位置了,这个位置被称为绝对文件路径。当提供相对路径比较困难时,就可以使用绝对路径。举例来讲,如果 text_files 文件夹并不是 folder_test 文件夹的子文件夹,而在 other_files 文件夹之中,则向 open()函数传递路径'text_files/ filename.txt' 就很难行得通了,因为 Python 只能在文件夹 folder_test 中查找所需文本文件。为了更明确地指明位置区域,必须提供绝对文件路径。

绝对路径通常要比相对路径更烦琐,因此将其存储在一个变量中,再将该变量传递给 open()函数。Linux 和 OS X 系统中,绝对路径的书写语法如下所示。

```
file_path = "D:/python_learn/folder_test/text_files/pi.txt"
with open(file_path) as file_object:
    contents = file_object.read()
    print(contents.rstrip())
```

在 Windows 系统中，书写语法如下所示。

```
file_path = "D:\\python_learn\\folder_test\\text_files\\pi.txt"
with open(file_path) as file_object:
    contents = file_object.read()
    print(contents.rstrip())
```

由于 Windows 系统中字符"\"是转义字符，所以 Python 中 Windows 路径的 3 种写法分别为："D:\\python_learn\\folder_test\\text_files\\pi.txt"、"D:/python_learn/folder_test/text_files/pi.txt"、r"D:\python_learn\folder_test\text_files\pi.txt"，绝不可以写成"D:\python_learn\folder_test\text_files\pi.txt"。

在 Windows 系统中，如果传递路径时使用字符"\"，都需要用"r"+字符串来消除转义。但是，PyCharm 的拷贝路径给出了以单个"\"为分隔符的写法，所以最便捷的方式就是利用 r+字符串来消除转义。

通过使用绝对路径，Python 能够读取系统中任意位置的文件。目前读取文件时最简单的做法是将数据文件存储在程序文件所在的目录中，或者将其存储在程序文件所在目录下的一个文件夹中。但读取文件绝对路径的方法依然是十分重要的，在未来的诸多工作中，都免不了使用绝对路径去读入文件。例如，在与视觉和图像相关的机器学习算法中使用绝对路径读取任意位置的数据集中的图片。

10.1.3 逐行读取

被读取的文件内容并不一定都是简单的，Python 常常需要读取大量文本并检索其中的每一行，以查找特定的讯息，或是以某种方式修改文件中的文本。例如，如果需要遍历包含天气数据的文件，并使用其中包含字样 sunny 的数据行，用户可能需要查找包含标签 <headline> 的行，并按照特定格式设置它们。

如果要以每次一行的方式检索文件内容，则可对文件对象使用 for 循环语句，示例代码如下所示。

```
fileName = "D://python_learn//folder_test//text_files//pi.txt"

with open(fileName) as file_object:
    for line in file_object:
        print(line)
```

首先，将要读取文件的绝对路径存储于变量 fileName 中，这也是读取文件时常见的做法之一。鉴于 fileName 变量所表示的并非真实的文件，而仅是一个具有标识能力的字符串，因此可依据实际需求，将"D://python_learn//folder_test//text_files//pi.txt" 替换为另外一条路径或同目录中的另外一个文件名称。然后，调用函数 open()，将一个表示文件且包含其内容的对象存储到 file_object 中,关键字 with 可以使 Python 妥善地打开或者关闭文件。为了逐行读取文件中的内容,这里通过执行一个 for 循环来遍历文本对象的每一行。最后,逐行读取并打印读到的内容,发现与之前结果相比空白行增多了,终端中打印的结果如下所示。

```
D:\python_learn\folder_test>python file_reader.py
3. 1415926535

  8979323846

  2643383279

D:\python_learn\folder_test>_
```

10.1.1 节提到过,由于在文件中每一行的末尾都包含一个不可见的换行符,因此有空白行出现。此外,语句 print 又会加上另一个换行符,这样在每一行末尾就有了两个换行符。如果想消除这些空白行,依然可在语句 print 中使用函数 rstrip(),优化后的程序如下所示。

```
fileName = "D://python_learn//folder_test//text_files//pi.txt"

with open(fileName) as file_object:
    for line in file_object:
        print(line.rstrip())
```

再次执行上述程序,结果如下所示。

```
D:\python_learn\folder_test>python file_reader.py
3. 1415926535
  8979323846
  2643383279
```

10.1.4　创建包含文件各行内容的列表

open()函数返回的文件对象仅能在 with 代码块内被使用,如果想在 with 代码块外访问文件对象,可以在 with 代码块内将文件各行的内容存储于一个列表内,再在 with 代码块外使用该列表。当然,用户既可以即刻处理文件各部分,也可以推迟到程序后面再处理。

下面演示一下如何在 with 代码块内将 pi.txt 文本文件的各行内容存储于列表中,再在 with 代码块外打印出来。新建一个程序,并将其命名为 file_readlines.py,该程序的内容如下所示。

```
fileName = "D://python_learn//folder_test//text_files//pi.txt"

with open(fileName) as fileObject:
    lines = fileObject.readlines()

for line in lines:
    print(line.rstrip())
```

readlines()方法能够在文件中读取每一行内容,并将它们存储在一个列表之中。注意要与方法 readline()进行区分,因为后者仅能读取文件中的一行内容。接着,该列表被存储进自定义的 lines 变量中。在 with 代码块之外,用户依旧能够使用该变量,上述代码仅使用一个 for 循环语句,便可以打印 lines 中各行的内容。鉴于列表 lines 的每个元素皆对应文件中的一行,故输出与文件内容完全相同。

10.1.5 文件内容的使用

将文件中的内容读取进内存中后,用户便可以以任意方式使用该数据了。接下来,本节继续尝试调用圆周率 π 的值。创建一个存储了文件中所有数字的字符串,并且删除末尾的空格。

```
filePath = "D://python_learn//folder_test//text_files//pi.txt"

with open(filePath) as file_object:
    lines = file_object.readlines()

pi_string = " "
for line in lines:
    pi_string += line.rstrip()

print(pi_string)
print(len(pi_string))
```

首先,依据绝对文件路径,通过 with 代码块打开文件,再将其中所有行都存储在一个列表中。创建了一个名为 pi_string 的变量,用于存储圆周率的值。然后,使用 for 循环将各行都存入变量 pi_string 中,剔除各行结尾处的换行符。最后,打印出读到的字符串与对应字符串的长度,终端的输出如下所示。

```
D:\python_learn\folder_test>python pi_string.py
 3.1415926535   8979323846   2643383279
36

D:\python_learn\folder_test>_
```

输出显示字符串长度为 36,这是由于 pi_string 所存储的字符串中包含原本位于每行左侧的空格,可以使用函数 strip()删除这些空格。修改后的代码如下所示。

```
filePath = "D://python_learn//folder_test//text_files//pi.txt"

with open(filePath) as file_object:
    lines = file_object.readlines()

pi_string = " "
for line in lines:
    pi_string += line.strip()
```

```
print(pi_string)
print(len(pi_string))
```

这样就获得了包含精确到小数点后 30 位的圆周率的值，其长度为 32 个字符。

```
D:\python_learn\folder_test>python pi_string.py
3.141592653589793238462643383279
32

D:\python_learn\folder_test>_
```

注意：在 Python 读取文本文件时，通常将文本默认解读为字符串。如果读到的为数字，并将其当作数值来使用的话，就要使用 int() 函数将其转换为整数型，或使用 float() 函数将其转换为浮点数型。

10.1.6 大型文件的处理

之前的示例中主要测试了简短的文本文件，但其实这些代码也能够处理更庞大的文件。例如，精确到小数点后 1,000,000 位的圆周率值。无须对原本的代码做任何修改，仅需将包含小数点后 1,000,000 位的圆周率值的文件传递给它即可。受篇幅限制，在本测试中仅通过切片输出到小数点后 1,000 位，避免计算机终端为完整显示数值而不断滚动，占用过多的计算资源。

```
filePath = "D://python_learn//folder_test//text_files//pi_million_decimal.txt"

with open(filePath) as file_object:
    lines = file_object.readlines()

pi_string = ''
for line in lines:
    pi_string += line.strip()

print(pi_string[:1000] + "...")
print(len(pi_string))
```

上述代码将得到了一个字符串，统计该字符串的字符长度表明所创建的字符串的确包含了精确到小数点后 1,000,000 位的圆周率的值，读者可自行测试。

理论上，Python 能处理的数据量大小不受到限制，但实际上其取决于读者系统内存的大小。

注意：如要运行上面示例中的程序，需要下载 π 小数点后 1,000,000 位的圆周率值，请读者自行搜索下载。

10.1.7 生日实验

本节做一个生日实验，编写代码测试自己的生日是否包含在圆周率连续的数值内。进一步修改 10.1.6 节编写的程序，以判断自己的生日是否在 π 的前 1,000,000 位中。可以将自己的生日表示为一个数字字符串，再通过 if-else 语句来判定该字符串是否在 pi_string 内，示例代码如下所示。

```
filePath = "D://python_learn//folder_test//text_files//pi_million_decimal.txt"

with open(filePath) as file_object:
    lines = file_object.readlines()

pi_string= ''
for line in lines:
    pi_string += line.rstrip()

birthday = input("Please enter your birthday in mmddyy format: ")
if birthday in pi_string:
    print("Congratulations! Your birthday is in the first million digits of pi")
else:
    print("Your birthday does not appear in the first million digits of pi")
```

在上述程序中，用户按照月日年的顺序输入其生日日期，通过 if-else 语句来检查该字符串是否包含在 pi_string 之中。执行程序，结果如下所示。

```
D:\python_learn\folder_test>python pi_birthday.py
Please enter your birthday in mmddyy format: 071592
Congratulations! Your birthday is in the first million digits of pi
```

作者的生日碰巧出现在了圆周率小数点后前 1,000,000 位中，通过这个实验可以看出，在读取文件内容后，用户完全能够以自己想要的任意方式来对其进行处理与分析了。

10.2 写入文件

将输出写入到文件后，即使程序输出的终端窗口被关闭或程序执行结束，输出依旧存在，可以被查看、读取、调用或分享。因此，储存数据最有效的方式之一就是写入文件之中。

10.2.1 写入空文件

与读取文件不同，将数据写入文件时需要提供另外一个实参'w'，令 Python 以写入模式来打开这个文件。这里不将数据输出在屏幕上，而是将该数据存储进文件之中，再打印一句"Successfully written !"，用于告知程序员，示例代码如下所示。

```
filePath = "D://python_learn//folder_new//text_folder//programming.txt"

with open(filePath, 'w') as file_object:
    file_object.write("Python is pretty good.")
    print("Successfully written !")
```

调用函数 open() 时提供了两个实参，第一个实参是要打开的文件路径，即 filePath；第二个实参令 Python 以写入模式来打开该文件。open()函数有'r'读取模式、'w'写入模式、'a'附加模式以及读取和写入文件模式'r+'供用户选择。这里如果省略了模式实参，Python 将会以默认只读模式来打开文件。

如果要写入的文件不存在于所提供的绝对路径中，open()则会自动创建该文件。值得一提的是，当以 'w' 写入模式打开文件时，如果已存在该指定文件，Python 会在返回文件对象前清空该文件。

程序中使用方法 write()将字符串"Python is pretty good."写进文件对象中。该程序没有终端输出，但按照提供的绝对路径 filePath 打开文件 programming.txt，则会看到已经成功将内容写入 programming.txt，如图 10-2 所示。

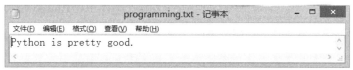

图 10-2　文本文件 programming.txt 的示意图

该文件可供用户执行打开、读取、输入新内容、替换其内容、复制其内容、将内容粘贴到其中等操作。

注意：Python 仅能将字符串写入文本文件中，如果要将数值数据写入文本文件，则需要先使用 str()函数将其转换为字符串格式。

10.2.2　多行写入

方法 write()也能一次性将多行字符串写入文本文件，但 write()并不会在写入的文本末尾添加换行符，示例代码如下所示。

```
filePath = "D://python_learn//folder_new//text_folder//writting.txt"

with open(filePath, 'w') as file_object:
    file_object.write("Python is pretty good.")
    file_object.write("I will use Python to create a game.")
```

一次写入多行时，如果没有为文本指定换行符，写入的结果会将两行内容挤在一行，如图 10-3 所示。

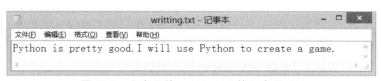

图 10-3　文本文件 writting.txt 的示意图(1)

如果要使每条字符串都单占一行，需要在 write()函数中包含换行符，修改后的代码如下所示。

```
filePath = "D://python_learn//folder_new//text_folder//writting.txt"
```

```
with open(filePath, 'w') as file_object:
    file_object.write("Python is pretty good.\n")
    file_object.write("I will use Python to create a game.")
```

添加换行符 "\n"之后，其输出就不处于同一行了，如图 10-4 所示。

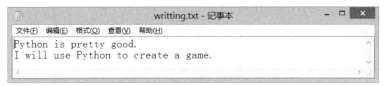

图 10-4　文本文件 writting.txt 的示意图（2）

将字符串写入文本文件与显示在终端的输出一样，也能使用空格、制表符、空行等来设置输出的格式。

10.2.3　附加

如果想为文件增添内容，且不覆盖原本的内容，可选择附加模式打开文件。当以附加模式打开文件时，Python 是不会在返回文件对象前清空文件的，新写入文件的内容将会添加至文件结尾处。如果被指定的文件不存在，Python 会自动创建一个空文件。

创建一个新程序，在既有文件 writting.txt 中补充一些使用 Python 的原因，代码如下所示。

```
filePath = "D://python_learn//folder_new//text_folder//writting.txt"

with open(filePath, 'a') as file_object:
    file_object.write("I like to use Python to simulate machine learning.\n")
    file_object.write("I also like creating apps that run in a browser.\n")
```

为 open() 函数在打开文件时指定了 'a' 实参，以便其能够在不覆盖原有内容的基础上，将新附加的文本添加至文件末尾，又写入了两串字符串文本。

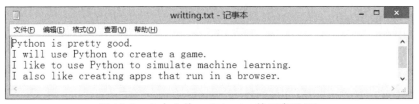

图 10-5　文本文件 writting.txt 的示意图（3）

由图 10-5 可知，为 open() 函数在打开文件时指定 'a'（附加模式）实参，能够在文件原本内容未被覆盖的前提下，从其末尾处换行添加新的文本内容。

10.3　异常处理

Python 可利用被称为异常的特殊对象来管理程序运行过程中出现的错误，每当触发错误时，其都会创建一个异常对象。如果编写了处理该异常的代码，程序会继续执行；如果未对异常进行处理,程序将会停止,并显示一个 Traceback,其中包含有关异常的报告。

异常使用 try-except 代码块处理,其令 Python 执行指定的操作,同时告知 Python 发生异常时应如何处置。当使用 try-except 后,即便出现异常,程序依然能够继续执行,并显示提前编写好的处理消息,而不是令人迷惑的 Traceback。

10.3.1 处理 ZeroDivisionError 异常

下面是一种会导致 Python 引发 ZeroDivisionError 异常的情景,即将一个数字除以 0,示例代码如下所示。

```
a = 6
b = 0
c = a/b
print(c)
```

运行上述代码后触发了一个 Traceback,如下所示。

```
Traceback (most recent call last):
  File "zeroDivisionError.py", line 3, in <module>
    c = a/b
ZeroDivisionError: division by zero
```

上述 Traceback 中,错误 ZeroDivisionError 是一个异常对象。当 Python 无法按用户的要求运行时,程序会被终止,并且会创建这种异常对象,指出引发了哪种异常,而用户可依据提示信息对程序进行修改。

10.3.2 try-except 代码块

接下来,本节使用 try-except 代码块,令 Python 应对 Traceback 错误时做出处理。

```
a = 6
b = 0
try:
    c = a/b
    print(c)
except ZeroDivisionError:
    print("Zero cannot be divided.")
```

改进后的程序将触发错误的代码 c = a / b(a 除以 b),并将 print(c) 放进了 try 代码块之中。若 try 代码块中的代码可以被执行,Python 将会跳过 except 代码块;若 try 代码块中的代码会触发错误,Python 将查找 except 代码块中指定的错误与触发的错误是否相同,并运行其中的代码"Zero cannot be divided"。若 try-except 代码块后面还有其他代码,程序将继续被执行,因为已经令 Python 对这类错误做出处理。

10.3.3 使用异常避免程序崩溃

当触发错误时,如果程序的任务还未完成,那么妥善处置错误就尤为重要了。这种情况经常会出现在要求用户提供输入的程序中，如果程序能够妥善处理无效输入，就能再提示用户提供有效输入，而不至于面临崩溃。来看一组示例，其可以连续执行除法运算，代码如下所示。

```python
message = "Give me two nums and I can divide them "
message += "(enter 'q' to quit): "
print(message)

active = True
while active:
    first_number = input("\n--First number: ")
    if first_number == 'q':
        active = False
    else:
        second_number = input("\n--Second number: ")
        if second_number == 'q':
            active = False
        else:
            quotient = int(first_number) / int(second_number)
            print(quotient)
```

该程序要求用户输入第一个数字，并将其存储在 first_number 变量中。只要用户输入的不是退出程序的 q，就再提示用户输入第二个数字，并将其存储在 second_number 变量中。该程序会计算第一个输入的被除数与第二个输入的除数的商。该程序未采取任何处置错误的措施，因此当除数为 0 时，程序会崩溃，并创建 ZeroDivisionError 异常对象，如下所示。

```
D:\python_learn\folder_new>python calculator.py
Give me two nums and I can divide them (enter 'q' to quit):

--First number: 6

--Second number: 2
3.0

--First number: 34

--Second number: 0
Traceback (most recent call last):
  File "calculator.py", line 15, in <module>
    quotient = int(first_number) / int(second_number)
ZeroDivisionError: division by zero
```

要知道，程序崩溃并非好事，被用户看到 Traceback 的情况更糟。怀有恶意且训练有素的攻击者能通过 Traceback 的提示获悉程序的文件名，还能看到部分不能正确运行的代码，他们便可以依据这些信息判断出对你的程序发起何种攻击。

10.3.4 使用 try-except-else 代码块

将触发错误的代码放入 try-except 代码块中，可隐藏不想被用户看到的错误信息，并提升程序抵御该错误的能力。在下面示例中，触发错误的是执行除法运算的代码，因此将其放进 try-except 代码块中。此外,该示例还包含有一个 else 代码块,通过 try 代码块顺利执行的后续代码可放进其中,具体示例代码如下所示。

```python
print(message)

while True:
    first_number = input("\n----First number: ")
    if first_number == 'q':
        break
    else:
        second_number = input("\n----Second number: ")
        if second_number == 'q':
            break
        try:
            quotient = int(first_number) / int(second_number)
        except ZeroDivisionError:
            print("You can't divide by zero!")
        else:
            print(quotient)
```

通过 try-except-else 代码块可以让 Python 尝试执行 try 代码块中的求商运算,该代码块中仅包含触发错误的代码"quotient = int(first_number) / int(second_number)",依仗 try 代码块顺利执行的后续代码则被放进了 else 代码块中。在该示例中,如果程序经过 try-except 代码块处置而未崩溃,就可以重新要求输入合理的被除数与除数,并使用 else 代码块来打印结果。except 代码块则能告诉 Python,当触发 ZeroDivisionError 异常时该如何处置。如果 try 代码块因为除 0 错误而崩溃,就打印一则友好的消息显示"You can't divide by zero!",来提示用户该如何避免触发该错误。之后,程序还将继续执行,而 Traceback 将被隐藏。

try-except-else 代码块的工作原理为:Python 尝试运行 try 代码块中的代码,而 try 代码块中所存储的代码有可能会触发异常;然后,except 代码块令 Python 在代码运行异常时做出处置;最后,还有部分代码需要在 try 代码块被成功执行后才能运行,这些代码则应放在 else 代码块中。

上述程序的执行结果如下所示,当触发错误时,Traceback 被隐藏而对用户不可见,仅显示一句"You can't divide by zero!"作为提示,且程序依旧可以顺利运行。

```
D:\python_learn\folder_new>python newCalculator.py
Give me two nums and I can divide them (enter 'q' to quit):

----First number: 343

----Second number: 2
171.5

----First number: 4

----Second number: 0
You can't divide by zero!
```

```
----First number: 2

----Second number: 4
0.5

----First number: 6

----Second number: 7
0.8571428571428571

----First number: q

D:\python_learn\folder_new>_
```

通过预测代码可能引发的错误，可编写出更鲁棒的程序，其即便面临缺少资源、数据无效等极端情况，也依旧能够继续运行，从而可以抵御外部恶意的网络攻击或无意的用户错误。

10.3.5 处理 FileNotFoundError 异常

在读取文件时经常会引发的一种错误是找不到该文件，这可能是由文件路径变更、文件名改变、文件名不正确地输入或该文件不存在等诸多原因造成的。无论如何，try-except 代码块都可以直观地处理该状况。下面利用本章介绍的文件读取方法，来尝试读取一个并不存在的文本文件。

```
filePath = "D://python_learn//folder_new//text_folder//file.txt"

with open(filePath, 'r') as file_object:
    contents = file_object.read()
    print(contents)
```

当 Python 读取并不存在的文件时，就会引发一个名为 FileNotFoundError 的异常，终端中的报错内容如下所示。

```
D:\python_learn \folder_new>python fileReader.py
Traceback (most recent call last):
  File "fileReader.py", line 3, in <module>
    with open(filePath, 'r') as file_object:
FileNotFoundError: [Errno 2] No such file or directory: 'D://python_learn//folder_new//text_folder//file.txt'

D:\python_learn\folder_new>_
```

在上述 Traceback 中报告的 FileNotFoundError 异常，是 Python 在指定位置找不到要读取的文件时所创建的异常对象。根据提示，示例中的异常是由 open() 函数所引发的，所以要将包含 open() 的代码放在 try 语句之中，以此来处置该异常。

```
filePath = "D://python_learn//folder_new//text_folder//file.txt"
```

```
try:
    with open(filePath, 'r') as file_object:
        contents = file_object.read()
except FileNotFoundError:
    message = "Sorry, the file could not be found. "
    print(message)
else:
    print(contents)
```

可以观察到，try 代码块中的"contents = file_object.read()"触发了 FileNotFoundError 异常，Python 随即找出与该异常相匹配的 except，并运行其中的代码。最终显示一条友好的错误提示，即"Sorry, the file could not be found."，如下所示。

```
D:\python_learn\folder_new>python newFileReader.py
Sorry, the file could not be found.

D:\python_learn\folder_new>_
```

下面来扩展该示例，观察在读取多个文件时，异常处理能提供哪些帮助。

10.3.6 分析文本

Python 可以分析包含有整本书全部内容的文件。古登堡计划（Project Gutenberg）是互联网上最早的免费电子书网站，其旨在基于互联网，大量提供由于版权过期而进入公有领域的电子书籍。该网站拥有众多志愿者，藏书量超过 7 万本，而接下来所使用的文本就来自古登堡计划。

登录古登堡计划官网，在左上角 Quick search 搜索栏中，输入关键词 Alice's Adventures in Wonderland（爱丽丝梦游仙境），选择下载量最高（29220 downloads）的一版，如图 10-6 所示。

接下来，提取《爱丽丝梦游仙境》的文本文档，并尝试计算它包含的单词数。这里涉及方法 split()，该方法能仅依据字符串创建一个单词列表。下面尝试对字符串"Alice's Adventures in Wonderlan"调用方法 split()，代码如下所示。

图 10-6 《爱丽丝梦游仙境》电子书示意图

```
title = "Alice's Adventures in Wonderlan"
lists = title.split()
print(lists)
```

方法 split() 会创建一个列表，其元素是以空格为分隔符在字符串"Alice's Adventures in Wonderlan"中提取出来的，实际是一个包含字符串中所有单词的列表，虽然其中有些也许并不是单词而是标点。

```
D:\python_learn\folder_new>python read_alice.py
['Alice' s', 'Adventures', 'in', 'Wonderlan']
```

为了统计整本书包含多少个词,需要对全篇小说调用方法 split(),再统计列表中所含的元素个数,进而确定整篇文章大致包含的词数,代码如下所示。

```
filePath = "text_folder\\Alice's Adventures in Wonderland.txt"

try:
    with open(filePath, 'r', encoding='utf-8') as file_object:
        contents = file_object.read()
except FileNotFoundError:
    print("Sorry, the file could not be found.")
else:
    words = contents.split()
    words_num = len(words)
    message = "The file 'Alice's Adventures in Wonderlan.txt' has "
    message += "approximately " + str(words_num) + "words."
    print(message)
```

将文本文件 Alice's Adventures in Wonderland.txt 移动到正确的目录中,并提供了相对路径,使 try 代码块可以被顺利执行。对变量 contents(它包含较长的字符串信息)调用了 split() 方法,来创建一个名为 words 的列表,列表的元素为文本中的所有单词。再使用 len() 返回对象(列表、字符、元组等)的长度或元素个数,就可以知道字符串大致包含的单词数。最后,打印一条消息并指明文本包含的单词数目。这些代码块都被放进 else 中,当且仅当 try 代码块被成功执行后才执行 else 代码块中的代码,其结果如下所示。

```
D:\python_learn\folder_new>python read_alice.py
The file 'Alice's Adventures in Wonderlan.txt' has approximately 29594 words.
```

10.3.7 多个文件的使用

本节来尝试分析多本书,新建一个程序如下所示。

```
def words_counter(filePath):

    try:
        with open(filePath, encoding='utf-8') as file_object:
            contents = file_object.read()
    except FileNotFoundError:
        print("Sorry, the file could not be found.")
    else:
        words = contents.split()
        number_words = len(words)
        message = "The file 'Alice's Adventures in Wonderlan.txt' has "
        message += "about " + str(number_words) + " words."
        print(message)

filePath = "text_folder\\Alice's Adventures in Wonderland.txt"
words_counter(filePath)
```

上述代码与 10.3.6 节示例代码基本一致,区别在于上述程序将大多数代码移动到了自定义的 words_counter() 函数之中,并增加了缩进量。现在就能够编写一个简单的循环,来统计要分析的文本中所包含的单词数目了。

新建一个列表,将想要统计的文本文件全部储存其中,然后对列表中的每一个元素(文本)调用自定义的函数 words_counter()。为此,还需要再简单修改上述程序,以使其更好地满足不同书籍名称的载入需求。

```python
def words_counter(filePath):
    try:
        with open(filePath, encoding='utf-8') as file_object:
            contents = file_object.read()
    except FileNotFoundError:
        print("Sorry, the file could not be found.")
    else:
        words = contents.split()
        number_words = len(words)
        message = "The file " + fileName + " has "
        message += "about " + str(number_words) + " words."
        print(message)

filePath_00 = "text_folder\\Alice's Adventures in Wonderland.txt"
filePath_01 = "text_folder\\Moby Dick.txt"
filePath_02 = "text_folder\\The Art of War.txt"
filePath_03 = "text_folder\\Siddhartha.txt"
fileNames = [filePath_00, filePath_01, filePath_02, filePath_03]
for fileName in fileNames:
    words_counter(fileName)
```

该示例中,使用 try-except-else 代码块主要有两个优点:隐藏 Traceback 中的报错提示信息,避免被用户看到;使程序可以跨过错误,并继续分析能被读取到的文件。

10.3.8　pass 的使用

在 10.3.7 节的示例中,当文件不在相应的目录时,Python 会输出提示告知用户读取不到文件。为此,本节尝试将 Alice's Adventures in Wonderland.txt 从原文件夹中移动到别处,运行结果如下所示。

```
D:\python_learn\folder_new>python words_counter.py
Sorry, the file could not be found.
The file text_folder\Moby Dick.txt has about 215823 words.
The file text_folder\The Art of War.txt has about 14070 words.
The file text_folder\Siddhartha.txt has about 42205 words.
```

接下来,继续修改 10.3.7 节中的示例,令程序在触发异常时继续运行。为此需要完整保留 try 代码块,并在 except 代码块中采用 pass 语句,令 Python 不做反应,修改后的程序如下所示。

```
def words_counter(filePath):

    try:
        with open(filePath, encoding='utf-8') as file_object:
            contents = file_object.read()
    except FileNotFoundError:
        pass
    else:
        words = contents.split()
        number_words = len(words)
        message = "The file " + fileName + " has "
        message += "about " + str(number_words) + " words."
        print(message)

filePath_00 = "text_folder\\Alice's Adventures in Wonderland.txt"
filePath_01 = "text_folder\\Moby Dick.txt"
filePath_02 = "text_folder\\The Art of War.txt"
filePath_03 = "text_folder\\Siddhartha.txt"
fileNames = [filePath_00, filePath_01, filePath_02, filePath_03]
for fileName in fileNames:
    words_counter(fileName)
```

执行上述修改后的程序，尝试读取不存在于文件夹中的文本文件。添加了 pass 语句的程序在应对 FileNotFoundError 这种异常情况时，只会默认忽略（没有 Traceback 错误，也没有任何提示输出），仅打印能读取到的文本中的词数，程序执行结果如下所示。

```
D:\python_learn\folder_new>python words_counter.py
The file text_folder\Moby Dick.txt has about 215823 words.
The file text_folder\The Art of War.txt has about 14070 words.
The file text_folder\Siddhartha.txt has about 42205 words.
```

pass 语句还充当了占位符的作用，它能够提示用户在该处什么都不做。在该程序中，用户可以将读取不到的文件名称写入文件 missing_files.txt 中。missing_files.txt 对用户不可见，但程序员能够读取到，从而处理文件读取不到的状况。

那么，在什么情况下向用户报告错误，又在什么情况下忽略异常呢？如果用户需要分析某些文件，他们可能希望在触发异常时出现一条提示信息，并解释触发原因报给他们；如果用户只想看结果，那就可能无需在触发异常时告知他们。要知道，向用户显示其并不想看到的提示信息有可能会降低用户对该程序的好感度。Python 对错误的处理结构使程序员能更细致地控制与用户分享错误讯息的程度。

10.4 数据的存储

有很多程序都会要求用户输入数据，不论是哪种情况，程序都会将用户所提供的数据存储于列表或是字典等数据结构之中，而在关闭程序时，一般也需要存储这些用户所提供的数据，这就可以用到存储数据的模块 json 了。

json 模块可以使用户将简单的 Python 数据结构转存到文件之中,并在再次运行该程序时加载文件中的数据,用户还能使用模块 json 在 Python 程序间分享数据。值得一提的是,JSON 数据格式并非 Python 专用,用户可以将 JSON 格式数据与使用其他编程语言的人分享,这是非常实用的。

注意:JSON(JavaScript Object Notation)最初是为 JavaScript 开发的(JavaScript 在游戏开发、Web 前端开发、移动 App 等工作中发挥着非常重要的作用),但随后成了一种常见格式,被包括 Python 在内的众多编程语言所采用。

10.4.1 json.dump()与 json.load()

本节先编写一个存储单个数字列表的简单程序,再编写另一个将该数字列表读取进内存中的程序。第一个程序将使用 json.dump() 来存储,第二个程序将被 json.load() 读取进内存中。

json.dump()函数可接受两个实参,分别是要存储的数据以及可用于存储该数据的文件对象,下面是一组演示如何使用 json.dump()来储存数字列表的示例。

```
import json

list = [1, 3, 5, 7, 9, 11, 13, 15, 17, 19]

filePath = "number.json"
with open(filePath, 'w') as file_object:
    json.dump(list, file_object)
```

上述程序中,首先导入了 json 模块,并创建一个列表 list,其中存储了一些自然数。然后,指定了存储该数字列表的文件名称,并指定为 JSON 格式。接着,以前面介绍过的写入模式打开刚创建的文件 number.json,允许 json 将数据写入其中。最后,使用 json.dump()函数来将数字列表 list 储存进文件 number.json 里。

该程序运行后没有输出,但可以在相应的文件目录中(这里是 D:\python_learn\folder_new\json\number.json)打开文件 number.json 并查看其内容,如图 10-7 中所示,数据存储格式与 Python 中一致。

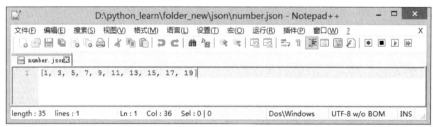

图 10-7 文件 number.json 的示意图

下面再编写另外一个程序,使用 json.load()将该列表读取进计算机内存中。

```
import json
```

```
filePath = "number.json"
with open(filePath) as file_object:
    contents = json.load(file_object)
    print(contents)
```

为了确保读取了前面写入的文件,采用只读模式打开该文件,并利用 json.load() 函数加载之前储存于 number.json 中的信息,再将其存储在自定义变量 contents 中。但是,运行程序依旧是不可见的,还需要将加载到内存中的数字列表打印出来,对比其是否与上述程序中所存储的列表一致。

```
D:\python_learn\folder_new\json>python read_numbers.py
[1, 3, 5, 7, 9, 11, 13, 15, 17, 19]

D:\python_learn\folder_new\json>_
```

10.4.2 读取与保存用户生成的数据

在现实生活中,有很多场景需要对用户提供或生成的数据进行存储,否则当程序停止运行后这些暂存数据将会丢失。使用 json 来储存它们将大有裨益,下面是一组使用 json 存储用户输入的示例代码。

```
import json

username = input("Please enter your name:\n ---- ")

filePath = "username.json"
with open(filePath, 'w') as file_object:
    json.dump(username, file_object)
    print("I will remember you " + username + "!")
```

程序要求用户输入一个用户名,并将用户提供的结果储存在自定义变量 username 中。然后,调用了 json.dump(),并将变量 username 和一个文件对象 file_object 传递给它,从而将用户名储存进文件 username.json 之中。最后,输出一则信息,指出用户输入的信息已经被存储。运行程序结果如下所示。

```
D:\python_learn\folder_new\json>python remember_user.py
Please enter your name:
 ---- Davison Wong
I will remember you Davison Wong!

D:\python_learn\folder_new\json>_
```

下面编写另外一个程序,向存储过其名字的用户致以诚挚的问候。

```
import json
```

```
filePath = "username.json"
with open(filePath, 'r') as file_object:
    contents = json.load(file_object)
    print("Welcome back, " + contents + ".")
```

程序使用 json.load()将前面示例中储存于 username.json 内的数据读取到变量 contents 中。在获取到用户名后,就可以欢迎用户回归了。上述程序的运行结果如下所示。

```
D:\python_learn\folder_new\json>python greet_user.py
Welcome back, Davison Wong.
```

接下来,将这两个程序合并为一个程序。该程序运行时,将会尝试从文件 users.json 中获取用户名,因此需要编写一个尝试获取用户名的 try 代码块。如果文件不存在,则会触发 FileNotFoundError,并在之后的 except 代码块中要求用户输入其用户名,再将收集到的用户名存储在文件 users.json 中,以便程序再次运行时能够获取到它,合并后的程序如下所示。

```
import json

# If the username was saved, load it
# Otherwise, ask the user for their username and save

filePath = "users.json"
try:
    with open(filePath, 'r') as f_obj:
        contents = json.load(f_obj)
except FileNotFoundError:
    users = input("Please enter your name:\n ---- ")
    with open(filePath, 'w') as f_obj:
        json.dump(users, f_obj)
        print("I will remember you " + users + "!")
else:
    print("welcome back, " + contents + ".")
```

这里并未介绍新知识,仅将前面两个示例的代码结合在一起,通过 try-except-else 语句将它们合并到一个程序中。程序尝试读取 users.json,如果该文件存在于指定位置,就将其中的内容加载至计算机的内存中,再执行 else 代码块,输出"Welcome back"。如果用户首次运行该程序,文件 users.json 不存在,而导致程序读取不到,就会引发 FileNotFoundError 异常。Python 捕获到该异常后执行 except 代码块中的代码,提示用户输入其用户名,并将其存储在 users 变量中,再使用 json.dump()存储该用户名,并打印一句问候语。except 和 else 代码块被运行时,都将会显示用户名与适合的问候语。如果首次执行该程序,其输出如下所示。

```
D:\python_learn\folder_new\json>python remember_me.py
Please enter your name:
 ---- Davison Wong
I will remember you Davison Wong!
```

如果不是首次执行该程序，其输出如下所示

```
D:\python_learn\folder_new\json>python remember_me.py
Welcome back, Davison Wong.
```

10.4.3　重构

用户常会遇到一种情况，即代码可以正确地运行，但仍可做进一步的优化，将完整代码划分为一系列面向完成具体分工的函数，该过程可被称为重构。重构可以使代码更清晰、易理解、易扩展。如果要重构程序，可将其大部分逻辑放进一个或多个函数之中。10.4.2 节的示例代码的重心放在问候用户这个问题上，因此可以将其所有代码都放到一个名为 greet_me() 的函数中。

```python
import json

def greet_me(filePath = "user.json"):
    
    try:
        with open(filePath, 'r') as f_obj:
            contents = json.load(f_obj)
    except FileNotFoundError:
        user = input("Please provide your name: \n ----- \t ")
        with open(filePath, 'w') as f_obj:
            json.dump(user, f_obj)
            print("We will recognize you when you come back " + user + ".")
    else:
        print("Welcome back, dear " + contents + ".")

greet_me("me.json")
```

原程序仅使用了一个自定义函数，因此该程序结构相对清晰。而自定义函数 greet_me() 所承担的任务过于烦琐，除了要在已存储用户名时获取它，还要在未存储用户名时要求用户输入一个用户名并储存它。为此，继续重构 greet_me() 函数，使其不再承担过多任务。将加载已存储的用户名的代码移动到另一个自定义函数 get_username() 中，详细的代码如下所示。

```python
import json

def get_username():
    
    filePath = "name.json"
    try:
        with open(filePath, 'r') as f_obj:
            contents = json.load(f_obj)
    except FileNotFoundError:
        return None
```

```
        else:
            return contents

def greet_me():
    contents = get_username()
    if contents:
        print("Welcome back, dear " + contents + ".")
    else:
        user = input("Please provide your name: \n ----- \t")
        filePath = "name.json"
        with open(filePath, 'w') as f_obj:
            json.dump(user, f_obj)
            print("We will recognize you when you come back " + user + ".")

greet_me()
```

自定义函数 get_username() 的目标很明确：如果存储过用户名，该函数就获取并返回它，这里为 contents；如果文件 name.json 不存在，该函数就会触发异常 FileNotFoundError，并返回 None。在上述程序中，将 contents 与自定义函数 get_username() 相关联，明确其返回值是否为一个用户名。如果顺利获取到用户名，则打印一条欢迎用户回来的信息，否则，则要求用户输入其用户名。继续细分 greet_me() 函数的功能，将 greet_me() 中没有获取到用户名时要求用户输入其用户名的代码块（即 else 语句中的代码）放在另一个单独的自定义函数内，进一步修改后的程序如下所示。

```
import json

def get_username():

    filePath = "name.json"
    try:
        with open(filePath, 'r') as f_obj:
            contents = json.load(f_obj)
    except FileNotFoundError:
        return None
    else:
        return contents

def get_new_username():
    user = input("Please provide your name: \n ----- \t")
    filePath = "name.json"
    with open(filePath, 'w') as f_obj:
        json.dump(user, f_obj)
    return user

def greet_me():
    contents = get_username()
    if contents:
        print("Welcome back, dear " + contents + ".")
```

```
    else:
        user = get_new_username()
        print("We will recognize you when you come back " + user + ".")

greet_me()
```

在上述程序中，每个函数仅承担明确、单一的任务。调用 greet_me()，它能打印一则信息：欢迎老用户归来，或问候新用户。为此，它首先调用 get_username() 函数，该函数仅承担加载已存储的用户名的任务；如果遇到未存储过的用户名时，调用自定义函数 get_new_username()，该函数仅负责获取并存储新的用户名。如果要编写出清晰、易维护、易扩展的代码，让每个函数仅承担一个单一而明确的任务十分必要。

10.5 本章小结

本章介绍了文件的使用，包括：一次性读取整个文件中的内容；每次以一行的方式读取文件中的内容；将内容写入文件并储存；将文本附加到文件末尾；何为异常、引发异常后如何处置；Python 的存储数据结构，保存用户提供的数据。下一章将会介绍如何高效地测试程序，这有助于用户确保所写的代码准确无误，并在扩展现有程序时及时察觉引入的 bug。

10.6 习题

1. 学习心得。在文本编辑器中新建一个文本文件，写几句话来回顾并总结下学习 Python 的感受与学到的 Python 知识。将该文本文件命名为 python_learning.txt，再将其存储为完成本练习所编写的程序所在的文件夹目录中。编写一个程序，使其能够读取该文本文件，再将文本文件中的内容输出 3 次。

(1) 第 1 次输出时读取整个文本文件；

(2) 第 2 次输出时需遍历文件对象；

(3) 第 3 次输出时将各行存储在一个列表中，并在 with 代码块外打印它们。

2. 对读取的文件内容进行操作。将读取到的文本文件的内容，使用 replace() 方法将其中特定的字符替换为另外一个字符，下面是 replace() 方法的用法示例。

```
oldStr = "I like C#"
newStr = oldStr.replace('C#', 'Python')
print(newStr)
```

3. 访客记录。编写一段程序，提示用户输入其姓名、年龄等基本信息，用户按要求输出之后，程序将采集到的信息写入一个名为 stranger.txt 的文本文件中。

4. 名单。编写一段包含 while 循环语句的程序，提示用户输入其姓名。待用户输入其姓名之后，程序能将一条包含访客访问记录的字符串添加至 guest_book.txt，并确保该文件中的每条记录能够各占一行。执行程序后，在屏幕上打印一句问候该用户的问候语。

5. 问卷。编写一个包含 while 语句的程序,用于询问用户喜欢哪些编程语言。每当用户输入一种类型的编程语言后,都将其写入存储所有问卷结果的文本文件中,且不覆盖原有的内容。

6. 加法。编写一个程序,要求用户依次输入两个数字,再将它们相加并打印出结果,但如果输入"q"(Q 键),则退出程序。

(1) 将上面编写的求和代码放进一个 while 循环之中,在用户不输入"q"的前提下,允许用户反复输入数字来进行求和运算。

(2) 如果用户提供的并非数字而是文本,在该情况下,当尝试将输入的字符串转换为整数时,则会触发 ValueError 异常。使用本节学习的知识优化程序,使用户因输入任何一个不是数字的值而触发的 ValueError 异常都能被顺利捕获,并打印一条友好的错误提示信息。测试编写的程序,先按要求输入两个数字,再输入文本,查看提示信息是否成功被显示,输入"q"退出该程序。

7. 酒。创建两个分别命名为 ChineseSpirits.txt 和 whiskey.txt 的文本文件,其中 whiskey.txt 包含 4 款著名的威士忌品牌的名字;ChineseSpirits.txt 中则不包含任何文本。

(1) 编写一个程序,尝试读取 whiskey.txt 中的文本,并将其内容依次打印在屏幕上。

(2) 将上面读取并打印文本 whiskey.txt 内容的代码放入 try-except-else 代码块中,以便程序在触发 FileNotFoundError 异常时,能打印一则友好的信息;将文件 whiskey.txt 移动到其他目录下,运行程序确保其 except 代码块中的代码能被顺利执行。

(3) 在 ChineseSpirits.txt 中写入 3 款著名的中国白酒的名称。

8. 酒_02。修改练习 7 中的 except 代码块,使程序在触发异常 FileNotFoundError 时,不作响应。

9. 数文本中关键词出现的频次。再次访问前面介绍过的古登堡计划,在其中下载一些格式为 txt 的书籍。使用 Python 中的 count()方法,统计特定关键词或短语曾在文本中出现过的频次。count()方法的语法如下所示。

```
string = "gold, silver, currency"

num_occur = string.count("gold")
print(num_occur)

num_occur = string.lower().count("gold")
print(num_occur)
```

使用 lower()函数来将字符串格式统一为小写,从而最大限度地捕获要查找的关键词所出现的频次。编写程序,使其能够读取你在古登堡计划中下载的书籍,并计算关键词"gold"在书籍中出现的频次。

10. 幸运字母。编写程序,要求用户输入他们最喜欢的英文字母,并使用 json.dump()将该字母写入一个 .json 文件内。编写另一个程序,使其能从文件中读取刚存储的数据,再打印消息"Your favorite Latin letter is:__."。

11. 记住字母。将练习 10 中的两个程序合二为一。如果能读取到已存储过的用户喜欢的字母,则打印信息以向用户显示它们;否则,要求用户输入他们喜欢的字母,再将其存储到.json 文件内。运行程序 2 次，确保其能够准确工作。

12. 修改程序。继续修改 10.4.3 节的示例程序，如果当前运行程序和最后一次运行该程序的并非同一个人，为此，在 greet_me() 函数中打印欢迎用户归来的信息前，先需要询问用户已获取的用户名是否指代他(她)。如果不是，则调用 get_new_username() 函数，以使该用户输入他(她)的用户名。

第 11 章 代码的测试

对程序测试也是程序员工作的一个重要环节。举例来讲,在 Web 开发中,产品经理、设计、前端、后端和测试都是不可缺失的环节。在 Python 编程中,也需要对编写的程序进行测试。测试可确保代码在应对各种输入时都可以遵照预设流程工作。在程序中扩展新功能、添加新代码时,依然需要对修改后的程序测试,以确保其不会破坏程序既有的行为。智者千虑必有一失,程序员也同样会犯错,因此每个程序员都必须养成测试其代码的习惯,以期在用户触发异常前率先找出潜在的漏洞和错误。本章将介绍使用 unittest 模块中的工具来测试代码;编写测试用例,核实在一系列输入后是否能得到预期输出,读者将能观察到测试通过和未通过的不同结果;测试如何协助改进代码;如何测试 Python 函数与类;为项目编写合适的测试程序。

11.1 测试函数

工欲善其事必先利其器,如果要学习代码的测试,先得要有需要被测试的代码。下面定义一个简单的函数,它可以接受姓和名并能返回完整的用户姓名。

```
def full_name(first, last):
    """The program can output a neatly formatted full name."""
    fullName = first + ' ' + last
    return fullName.title()
```

自定义函数 full_name() 的主要任务是将姓与名整合为全名,在首字母都大写的姓与名之间加上一个空格,返回结果。为确保函数 full_name() 能遵照预期来工作,编写一个使用该函数的程序,该程序使用户输入姓与名,并显示全名,代码如下所示。

```
from full_name import full_name

print("Enter 'q' to quit at any time.")
print("--------------------------------------------------------")
while True:
    first = input("\nPlease provide me your first name: ")
    if first == 'q':
        break
    last = input("Please provide me your last name: ")
    if last == 'q':
        break
```

```
        name = full_name(first, last)
        print("\t--The official full name is: " + name)
```

该测试程序能导入自定义的 full_name() 函数,以方便测试人员通过输入一系列的姓与名,来查看程序是否能够输出正确格式的全名,其运行结果如下所示。

```
D:\python_learn\folder_new\json>python acceptName.py
Enter 'q' to quit at any time.
-----------------------------------------------------------------

Please provide me your first name: Davison
Please provide me your last name: Wang
    --The official full name is: Davison Wang

Please provide me your first name: Andy
Please provide me your last name: Lee
    --The official full name is: Andy Lee

Please provide me your first name: q

D:\python_learn\folder_new\json>_
```

可以看出,该程序有能力在合并后得到准确无误的姓名。如果要修改函数 full_name(),使其能处理中间名。首先要确保不破坏该函数处理姓与名的能力,并在每次修改 full_name() 函数后不断进行测试,测试方法为:执行上述程序,多次输入类似 Davison Wang 这样的姓名。这类操作太过烦琐,效率低下。

Python 提供了自动测试函数输出的高效方式,如果对 full_name() 进行自动测试,就能始终确保在给函数 full_name() 提供测试过的姓名时,其都能稳定且准确地工作。

11.1.1 单元测试与测试用例

Python 标准库中的 unittest 模块提供了测试代码所需的工具。单元测试用于核实函数的某个部分没有问题;测试用例是一组单元测试,这些单元测试一起核实函数在不同情况下的行为都符合预期要求。良好的测试用例考虑到了函数可能收到的各种输入,涵盖针对所有这些情景的测试。全覆盖式测试用例包含一整套单元测试,涵盖了各种可能的函数使用方式。对于大型项目,要实现全覆盖是比较困难的。通常,仅需要针对代码的重要逻辑行为编写测试即可,待到项目被广泛使用时再考虑将其全覆盖。

11.1.2 可通过的测试

创建测试用例的语法需要一段时间才能习惯,但测试用例创建后,再添加针对函数的单元测试就简单多了。如果要为函数编写测试用例,可先导入 unittest 模块及要测试的函数,再创建一个继承 unittest.TestCase 的类,并编写一系列方法对函数行为的不同方面进行测试。下面是只包含一个方法的测试用例,其能够检查 full_name() 在给定姓、名时是否能正确地工作。

```python
import unittest
from full_name import full_name

class nameTestCase(unittest.TestCase):
    """test full_name.py"""

    def test_full_name(self):
        name = full_name('davison', 'wang')
        self.assertEqual(name, 'Davison Wang')

unittest.main()
```

上述程序中先导入了 unittest 模块，然后又导入了模块中要被测试的方法 full_name()。创建一个名为 nameTestCase 的自定义类，并要求其继承类 unittest.TestCase，这样 Python 才能知道该如何运行编写的测试。自定义的 nameTestCase 类涵盖了一系列针对 full_name() 函数的单元测试。nameTestCase 类在这里只被定义了一个方法 test_full_name()，用于测试函数 full_name() 的一个方面的性能，因为本示例仅需要核实当用户仅提供姓与名时，其是否能被正确格式化，为此执行了方法 test_full_name()，来调用待测试的函数 full_name()，并存储了要测试的返回值。该示例中，使用了实参 'davison'、'wang' 来调用 full_name() 函数，再将结果储存在自定义变量 name 中。

程序使用了类 unittest 中最常用的功能之一——断言（assertEqual）方法，其常被用来核实取得的结果是否与期望的结果一样。在这里，已知函数 full_name() 应返回的姓名格式，并假设（断言）函数 name 中存储的数据为 'Davison Wang'。代码 self.assertEqual(name, 'Davison Wang') 将变量 name 的值与字符串 'Davison Wang' 进行比对，确认是否一致。代码 unittest.main() 令 Python 运行该文件中的测试，测试的结果如下所示。

```
D:\python_learn\folder_new\json>python test_full_name.py
.
----------------------------------------------------------------------
Ran 1 test in 0.009s

OK
```

上述结果并不难理解，第 2 行的符号.表明有一个测试通过了，接下来的一行指出 Python 耗时 0.009 秒，完成了一个测试。最后的 OK 清晰地指明该测试用例中所有单元测试都通过了。

上面的输出表明，当给定包含姓与名格式的姓名时，full_name() 函数总能准确无误地处理并输出首字母大写且中间带空格的全名。修改 full_name() 之后，可再运行该测试用例。如果其依旧显示 OK，就可以确定该函数能够完美地处理 Davison Wang 这样的姓名，并输出合适的结果。

11.1.3 无法通过的测试

那么，当测试无法通过时结果是怎样的呢？下面修改函数 full_name()，允许其处理含有中间名的姓名，使该函数无法正确地处理类似 Davison Wang 这样不含中间名的姓名。
下面是示例程序，调用它要求提供 3 个实参。

```python
def full_name(first, middle, last):
    """The program can output a neatly formatted full name."""
    fullName = first + ' ' + middle + ' ' + last
    return fullName.title()
```

该程序能正确地处理包含中间名的姓名，但是，再通过 test_full_name.py 对其进行测试时，发现其再也无法正确处理只有姓与名而没有中间名的字符串了，无法通过的测试结果如下所示。

```
D:\python_learn\folder_new\json>python test_full_name.py
E
======================================================================
ERROR: test_full_name (__main__.nameTestCase)
----------------------------------------------------------------------
Traceback (most recent call last):
  File "test_full_name.py", line 8, in test_full_name
    name = full_name('davison', 'wang')
TypeError: full_name() missing 1 required positional argument: 'last'
----------------------------------------------------------------------

Ran 1 test in 0.002s

FAILED (errors=1)

D:\python_learn \folder_new\json>_
```

上述结果包含大量的信息，由于测试未通过，需要介绍的内容比较多。可以看出当运行程序后，第 2 行的输出仅有一个字母 E，其指明测试用例中有一个单元测试导致了错误。接下来，通过 ERROR：test_full_name（__main__.nameTestCase）可知，nameTestCase 中的 test_full_name()触发了错误。值得强调的是，当测试用例包含诸多个单元测试时，确认哪个测试未通过是至关重要的。然后，通过一个标准的 Traceback，清晰地阐述出程序 test_full_name 的第 8 行，即函数调用 full_name('davison', 'wang')有问题，问题类型是缺少必不可少的一个位置实参。最后，FAILED（errors=1）这条讯息指明：由于运行该测试用例时发生了一个错误，因此整个测试用例都未能通过。这条讯息位于输出末尾，用户一眼就能看到。

11.1.4 测试无法通过时的处理方法

如果编写的检测条件未出错且测试通过，则意味着函数的行为是对的；而测试未通过，则意味着编写的代码有误。所以，测试未通过时，不应该考虑修改测试，而要考虑导致测试不能通过的原因，并检查刚对函数所做的修改。

在下面示例中，函数 full_name()需要提供姓、中间名、名三个实参，且新增的中间名是不可或缺的，这就导致了 full_name()的行为不符合预期。如果要通过测试，就要扩展程序以使其允许接收中间名，其中最优的方案是让中间名变为可选。修改后的程序应该在用户提供类似 Davison Wang 格式的姓名进行测试时，测试能够通过，同时函数还能接收中间名。按照这个想法，再来修改函数 full_name()，将中间名设置为可选，运行该测试。如果通过测试，再确认该函数能够妥善地处理中间名。

回顾前面的知识，如果希望将中间名设置为可选，可以在定义函数时将 middle 形参移动到形参列表末尾处，再指定其默认值为一个空字符串，并添加一个 if-else 语句，以便根据是否接收到中间名而相应地创建格式合适的姓名。

```
def full_name(first, last, middle= ' '):
    """The program can output a neatly formatted full name."""
    if middle:
        fullName = first + ' ' + middle + ' ' + last
    else:
        fullName = first + ' ' + last
    return fullName.title()
```

上述代码中，中间名的形参放到最后，作为可选项。如果用户向该函数传递了中间名，则输出的全名将包含姓、中间名和名，否则全名仅包含姓与名。经过修改后，该函数对于不同格式的姓名都能够正确地处理。为确保改进后的函数依旧能够正确地处理类似 Davison Wang 这种格式的姓名，再次运行测试程序，结果如下所示。

```
D:\python_learn\folder_new\json>python test_full_name.py
-
----------------------------------------------------------------
Ran 1 test in 0.001s

OK

D:\python_learn\folder_new\json>_
```

再次运行测试程序，程序通过了。这意味着该函数既能处理无中间名的姓名，又能处理包含中间名的姓名。

11.1.5 新测试

通过前面的测试，再来编写一个新的测试，用于测试姓名包含中间名的情况，仅需要在原有的 nameTestCase 类中再扩展一个方法即可，测试代码如下所示。

```
import unittest
from full_name import full_name

class nameTestCase(unittest.TestCase):
    """test new type of full_name.py"""

    def test_full_name(self):
        name = full_name('davison', 'wang')
```

```
        self.assertEqual(name, 'Davison Wang')

    def test_full_middle_name(self):
        name = full_name('john', 'wang', 'davison')
        self.assertEqual(name, 'John Davison Wang')

unittest.main()
```

需要强调的是，在测试用例中方法的命名顺序应该为 test_full_name、test_full_middle_name。方法可以自定义命名，但一定要以 test_ 开头，这样它才会在运行程序时被自动执行。方法名一般需要清晰地指明其测试的是 full_name() 函数的哪些行为。这样一来，如果该测试未能通过，程序员就能马上知道受影响的是哪些类型的姓名。当然，在 unittest 的 TestCase 类中使用很长的方法名也是被允许的，但这些方法名必须是描述性和具有清晰的指向性的，使用户能够获悉测试通过时的输出。这些方法会由 Python 自动调用，程序员完全不需要额外编写调用它们的代码。

为测试函数 full_name()，使用姓、名与中间名调用它，再利用断言函数 assertEqual() 来检查返回的全名格式是否符合预期。运行程序发现两个测试都能通过，信息如下所示。

```
D:\python_learn\folder_new\json>python test_middle_fullName.py
. .
----------------------------------------------------------------------
Ran 2 tests in 0.001s

OK

D:\python_learn\folder_new\json>_
```

注意：在测试用例中，方法的命名可以自定义，但必须以 test_ 开头，这样 Python 在执行程序时才会自动执行其中的测试方法。否则，就会出现以下的问题，未按要求以 test_ 开头的示例代码如下所示。

```
    def full_name(self):
        name = full_name('davison', 'wang')
        self.assertEqual(name, 'Davison Wang')

    def full_middle_name(self):
        name = full_name('john', 'davison', 'wang')
        self.assertEqual(name, 'John Davison Wang')

unittest.main()
```

运行上面的程序，其结果如下所示。

```
D:\python_learn\folder_new\json>python test_middle_fullName.py

----------------------------------------------------------------------
```

```
Ran 0 tests in 0.000s

OK
```

不难发现,不正确的命名方法会导致 Python 无法自动执行任何测试。

11.2 测试类

本章前半部分介绍了面向单一函数的测试,接下来介绍面向类的测试。众所周知,很多程序都能用到类,所以类的正常工作十分重要。如果编写的面向类的测试通过了,用户就完全有理由确信对类所做的改进没有意外地破坏其原本的行为。

11.2.1 断言方法

Python 在 unittest.TestCase 类里提供了许多断言方法。前边介绍过,断言方法能够检测预期条件是否得到满足。如果条件得到满足,那对程序行为的假设便得到了确认,也就是说可确信其中无错误。如果预期条件实际上并不被满足,那么 Python 将会触发异常。

表 11-1 介绍了六种常见的断言方法,利用它们可以核实返回的值是否等于函数预期值、返回值为 True 还是 False、返回值是否在列表内。用户只能在继承 unittest.TestCase 的自定义类中调用这些方法,接下来介绍如何在测试类时调用它们。

表 11-1　unittest 模块中常用的断言方法

断 言 方 法	用　　途
assertEqual(a, b)	核对 a == b
assertNotEqual(a, b)	核对 a != b
assertTrue(x)	核对 x 为 True
assertFalse(x)	核对 x 为 False
assertIn(item, list)	核对 item 在 list 之中
assertNotIn(item, list)	核对 item 不在 list 之中

11.2.2 单个类的测试

类的测试与函数的测试比较类似,用户所要做的大部分工作都是测试类中方法的行为,但也存在一些不同之处。下面尝试编写一个管理匿名调查的类,来进行测试。

```
class Survey():

    def __init__(self, questions):
        self.questions = questions
        self.responses = []

    def show_questions(self):
```

```
        print(self.questions)

    def save_responses(self, responses):
        self.responses.append(responses)

    def announce_results(self):
        print("Publicize the results of the survey:")
        for response in self.responses:
            print("--" + response)
```

类 Survey 储存了一个被指定的受访问题 questions，又定义了一个初始值为空的列表，用来接收答案，并将其存储在可供选择的形参 responses 中。Survey 类还包含打印受访问题的 show_questions() 方法、在空列表末尾处添加新答案的 save_responses() 方法、将临时储存于列表中的内容一一列印出来的 announce_results() 方法。如果要创建 Survey 类的实例，仅需为 questions 形参提供问题即可。当有了表示该调查的实例之后，就可调用 show_questions() 来显示预设问题，调用 save_responses() 临时存储输入的答案，并调用 announce_results() 来一一显示出调查结果。

为确保类 Survey 可以正常工作，接下来编写一个针对上述程序的测试程序。该程序提出了一个问题，即 "What's your favorite programming language ?"，并使用该问题创建了一个 Survey 对象实例。接着，利用这个对象调用 show_questions() 显示问题。定义一个 while 循环要求用户不断输入答案，接收到答案的同时将其临时储存在 responses 变量中。此外，如果用户输入 "q" 则退出本次调查。最后，该程序将会调用 announce_results() 来一一列印调查结果。

```
from survey import Survey

questions = "What's your favorite programming language?"
survey_result = Survey(questions)

survey_result.show_questions()
print("quit at any time if you enter 'q' !")
while True:
    responses = input("My favorite programming language: ")
    if responses == 'q':
        break
    else:
        survey_result.save_responses(responses)

print("\nThank you to all respondents who participated in this survey! ")
survey_result.announce_results()
```

上述程序的运行结果如下所示。

```
D:\python_learn\unittest>python programming_language_survey.py
What's your favorite programming language?
quit at any time if you enter 'q'!
```

```
My favorite programming language: Python
My favorite programming language: C
My favorite programming language: C#
My favorite programming language: C++
My favorite programming language: go
My favorite programming language: php
My favorite programming language: java
My favorite programming language: q

Thank you to all respondents who participated in this survey!
Publicize the results of the survey:
--Python
--C
--C#
--C++
--go
--php
--java
```

类 Survey 可被用来进行简单的匿名调查,假设将其放在了本节第一个示例代码中,并将其改进为:所有用户皆可输入多个答案;编写一个方法,它只列出不同的答案,并指出每个答案出现的次数;再编写一个类,用于管理非匿名调查。

进行上述修改存在风险,可能会影响类 Survey 的当前行为。例如,当允许所有用户输入多个答案时,有可能会修改处理单个答案的方式。如果要确认在开发这个模块时没有破坏其既有的行为,则可编写针对该类的测试。

11.2.3 Survey 类的测试

编写针对类 Survey 一个方面行为的测试,来仿真当用户针对调查问题时,仅提供一个答案且该答案依然能被妥善保存的情景。为此,需在答案被存储后,调用 assertIn() 方法来核实它是否在答案列表中。

```python
import unittest
from survey import Survey

class TestSurveyCase (unittest.TestCase):

    def test_single_response(self):
        question = "What's your favorite programming language ?"
        survey_result = Survey(question)
        survey_result.save_responses("Python")

        self.assertIn("Python", survey_result.responses)


unittest.main()
```

上述程序导入 unittest 模块与要被测试的 Survey 类,再将测试用例命名为 TestSurveyCase。

它继承了 unittest.TestCase 的属性。当测试方法 test_single_response()验证调查问题的单一答案"Python"被存储后,其会被临时安置在一个空列表中。如果测试 test_single_response()未通过,就可以通过输出中的方法名获悉存在的问题。

再来看 test_single_response()方法的细节,要测试 Survey 类的行为,需要先创建其实例。上述程序使用自定义问题"What's your favorite programming language?"创建了一个名为 survey_result 的实例,再调用了方法 save_responses()储存了单个问题的答案"Python"。最后,使用 assertIn()方法核实"Python"是否已经包含于列表 survey_result.responses 中。执行程序,显示测试通过。

```
D:\python_learn\unittest>python test_survey.py
.
----------------------------------------------------------------------
Ran 1 test in 0.000s

OK
```

测试通过固然是好消息,但仅收集单一问题答案的问卷在生活中并不常见,且用途也不太大。接下来,尝试核实当用户提供多个答案时,该程序是否依旧能够妥善地保存答案。为此,需要在 TestSurveyCase 测试类中再添加另一个方法,示例代码如下所示。

```python
import unittest
from survey import Survey


class TestSurveyCase(unittest.TestCase):

    def test_single_response(self):
        question = "What's your favorite programming language?"
        survey_result = Survey(question)
        survey_result.save_responses("Python")

        self.assertIn("Python", survey_result.responses)

    def test_multiple_responses(self):
        question = "What's your favorite programming language?"
        survey_result = Survey(question)
        responses = ['Python', 'C#', 'HTML5']
        for response in responses:
            survey_result.save_responses(response)

        for response in responses:
            self.assertIn(response, survey_result.responses)

unittest.main()
```

这个新方法被命名为 test_multiple_responses(),与方法 test_single_response()类似,在其中创建了一个调查对象。上述程序定义了一个包含多个不同答案的列表 responses,再通过 for 循环来对其中每个答案逐一调用方法 save_responses()。待到这些答案存储完毕后，再使用另一个 for 循环来核实是否每个答案都已包含在 survey_result.responses 列表中。

运行上述程序，两个测试都可以通过，即针对单一答案的测试和针对多个答案的测试。在计算机终端中输出的测试结果如下所示。

```
D:\python_learn\unittest>python test_survey.py
- -
----------------------------------------------------------------
Ran 2 tests in 0.001s

OK

D:\python_learn\unittest>_
```

前面的做法已经完成了预期需求，但美中不足的是这些测试都有些重复的地方。接下来，再使用 unittest 的另一项功能来提高它们的效率。

11.2.4　setUp()方法

11.2.3 节两个版本的程序中，都创建了一个 Survey 实例，且对每个方法都提供了测试答案。但实际上，类 unittest.TestCase 中所包含的 setUp() 方法，可使用户仅需创建这些对象一次，即可在每个测试方法中使用它。如果类 TestCase 中包含 setUp() 方法，那么 Python 将会先执行它们，然后再执行各个命名以 test_ 开头的方法。这样，在编写的所有方法中就都可以使用在 setUp() 方法中创建的对象了。

接下来，使用 setUp() 方法创建一个被调查的对象，再向其提供一组答案，以供方法 test_multiple_responses() 与方法 test_single_response() 使用。

```python
import unittest
from survey import Survey


class TestSurveyCase(unittest.TestCase):

    def setUp(self):
        """
        create a survey object and a set of
        answers for calling by the test method
        """
        question = "What's your favorite programming language ?"
        self.survey_result = Survey(question)
        self.responses = ['Python', 'C#', 'HTML5']


    def test_single_response(self):
        self.survey_result.save_responses(self.responses[:1])
```

```
            self.assertIn('Python', self.responses[:1])   # from 0~1 item

        def test_multiple_response(self):
            self.survey_result.save_responses(self.responses)
            for response in self.responses:
                self.assertIn(response, self.responses)


    unittest.main()
```

上述程序中，setUp()方法承担了两项任务，分别是创建一个 Survey 实例作为调查对象和创建一个答案列表。值得留意的是，储存实例与答案列表的两个变量名前都包含了前缀 self，说明它们存储在属性中，以方便在这个类的任何地方被使用，这有助于使两个测试方法的结构都更简化，不再需要单独创建调查对象与答案。test_single_response()方法能够核实 self.responses 中被妥善储存的第一个答案，而方法 test_multiple_responses()则能核实 self.responses 中全部答案被妥善储存的情况。执行上述程序，两个测试都可以通过。

```
D:\python_learn\unittest>python revised_test_survey.py
..
----------------------------------------------------------------------
Ran 2 tests in 0.010s

OK
```

在自定义类中，setUp()方法能使测试方法的结构更简洁。用户可以在方法 setUp()中定义一系列的实例并设置它们的属性，再在测试方法中直接使用它们。相比于在每个测试方法中都创建实例再设置其属性，这要简便得多。

注意：当执行测试用例时，每完成一个单元测试，Python 就会列印出一个字符。当测试通过时，打印一个句点；测试未通过并触发异常时，打印一个 E；测试导致断言失败时，打印一个 F。这就是当执行测试用例后，用户在输出的第一行中看到的句点与字符数量各不相同的原因。如果测试用例包含很多个测试单元，需要耗费很长的时间，就能通过观察这些输出的结果来知悉多少个测试通过了。

11.3 本章小结

本章介绍了利用单元测试框架 unittest 模块里的工具来编写测试，包括编写能继承 unittest.TestCase 的自定义类；定义测试方法以核实函数与类的行为是否达到预期；使用 setUp()方法来更高效地创建实例并为其设置属性。

测试代码是很多初学者都不熟悉的主题，一般也不强制要求初学者为其项目提供测试，但是，当参与大型项目时，能对自己所编写的函数与类的关键行为进行测试大有裨益，可以确保之前所完成的工作不会破坏项目其余的部分，即使不小心破坏了其他部分或预设功能，也能够立刻获悉，从而有助于程序员轻松地改进既有代码中包含的问题。相较于收到用户不满意的使用报告后再采取相应行动，当未通过测试时立即采取措施则要简单、高效许多。

此外，如果要与其他程序员共享代码，有初步测试的程序更有保障。

初学者可以通过多次开展测试来逐步熟悉该过程。对于自己编写的函数与类，最好针对其重要行为进行测试。但在项目早期，除非有充足的理由，否则无须编写全覆盖的测试用例。

11.4 习题

1.描述家乡。编写一个函数，其允许接受 2 个形参，分别是城市名与国家名。该函数将返回一个格式为 City、Country 的字符串，如'Beijing China'。将该函数存储于名为 describe_city.py 的程序内。创建一个名为 test_describeCity.py 的测试用例，对 describe_city.py 中刚定义的函数进行测试。再编写一个名为 test_city() 的方法，来核对当使用'beijing'和'china' 这样的值来调用前述函数时，得到的字符串是否符合预期格式。执行 test_describeCity.py，确保测试 test_city() 能通过。

2.人口。修改习题 1 中自定义的函数，允许其接收 3 个不可或缺的形参，分别是城市名、国家名与人口数，再返回格式为 City、Country、Population xxx 的字符串，如'Beijing China Population：21858000'。再次执行测试用例 test_describeCity.py，确认 test_city() 是否通过。

（1）修改上述函数，将 Population 形参至于最后，设置为可选。再执行 test_describeCity.py，确保测试 test_city() 又能通过了。

（2）为修改后函数编写测试 test_city_population()，确保能够使用形如'beijing'、'china' 与 'population：21858000' 的值来调用自定义函数 test_city_population()，执行 test_describeCity.py 确保能够通过新测试。

3.工作岗位。编写一个自定义类，并将其命名为 Employment。

（1）要求方法__init__()能够接受职位名称、工作时长与年薪，再将这些信息都存储于属性中。再定义一个名为 give_raise() 的方法，以记录加薪的情况，其默认加薪额度为 10000 美金/年，但也支持其他的年薪增长额度。

（2）为类 Employment 编写一个包含两个测试方法的测试用例，分别将这两个测试方法命名为方法 test_give_default_raise() 与方法 test_give_custom_raise()。调用类 unittest.TestCase 中的 setUp() 方法，简化每个方法的结构，以避免在每个测试中都逐个创建新的工作岗位实例与其属性信息。执行该测试用例，确保两个测试用例都能顺利通过。

参 考 文 献

[1] Moore G E .Cramming More Components Onto Integrated Circuits[J]. Proceedings of the IEEE,2002,86(1):82-85.

[2] Kuchling A M .What's New in Python 2.5[J].Python Software Foundation,2007,9(7):34-37.DOI:10.1002/9781118164396.ch1.

[3] Langbridge,James A .Professional Embedded ARM Development[C]. Birmingham: Wrox Press Ltd. 2013.

[4] Kernighan B W . Programming in C A Tutorial[J].International Journal of Computer Science & Security, 2002.DOI: doi: http://dx.doi.org/.

[5] Eckert J W .Bundle: Linux+ Guide to Linux Certification, 4th + LabConnection, 2 terms (12 months) Printed Access Card[M].Boston: Course Technology Press, 2015.

[6] May M .Linux in the Lab - The Scientist - Magazine of the Life Sciences[J].The Scientist,2004,18(21):24-27.

[7] May M. Linux in the Lab: Mixing Computational Power with A Raw Hacker's Edge, the Open-source Operating System Gains Ground[J]. The Scientist, 2004, 18(21): 24-28.

[8] Shaffer, Clifford A.Data structures and algorithm analysis in C++[M]. Beijing: Publishing House of Electronics Industry,2013.

[9] Knuth D .The Art of Computer Programming V. 2 : Seminumerical Algorithms[M]. Boston: Addison-Wesley Pub. Co,1969.

[10] Alfred V., Monica S., Ravi Sethi, et al. Compilers: Princiles, Techniques, and Tools[M].Boston: Addison Wesley, 1986.

[11] Jim D, Anjou S F, Kehn D, et al.The Java Developer's Guide to Eclipse[M]. Boston: Addison-Wesley, 2003.

[12] Sarkar A.The Impact of Syntax Colouring on Program Comprehension[C] Proceedings of the 26th Annual Conference of the Psychology of Programming Interest Group (PPIG 2015), 2015.

[13] Matthes E .Python Crash Course: A Hands-on, Project-based Introduction to Programming[M]. San Francisco: No Starch Press,2016.

附 录 A

A.1 PyCharm

PyCharm 官网示意图如附图 A-1 所示。

附图 A-1 PyCharm 官网示意图

PyCharm 将制表符 Tab 转换成四个空格的方法为：打开 File > Settings，依次选择 Editor > Code Style > Python，然后设置 Tab 键对应的空格数，之后单击保存，如附图 A-2 所示。

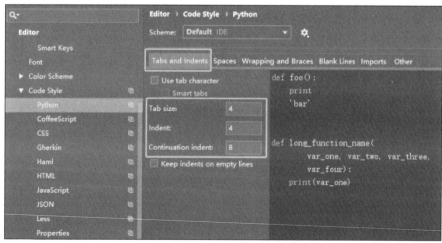

附图 A-2 转换方法示意图

打开 File > Settings，依次选择 Editor > Code Style。PyCharm 可将代码行的长度设置为 79 字符，如附图 A-3 所示。

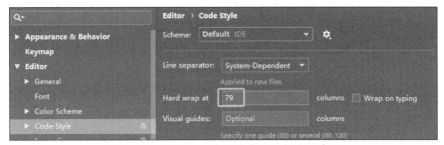

附图 A-3　PyCharm 中设置代码行长度示意图

A.2　Python 安装步骤

A.2.1　macOS 中安装 Python

macOS 自带了 Python 2.7，读者可以默认使用 Python 2。但是，此版本仅适合学习而不适于开发。接下来，将介绍如何安装一个合适的 Python 版本以用于开发。单击鼠标左键选择启动台，再单击其他文件夹，如附图 A-4 所示。

附图 A-4　macOS 系统中对应程序示意图

在弹出文件夹窗口中，单击终端并打开，如附图 A-5 所示。

1. 安装 Xcode

在安装 Python 之前，读者需要安装 gcc。下载可获得 GCC Xcode、较小的 Command Line Tools（必须有苹果账户）或者更小的 OSX-GCC-Installer 包裹。在终端中输入命令 xcode-select --install，如附图 A-6 所示，再按 Enter 键。

附图 A-5　macOS 系统终端文件夹

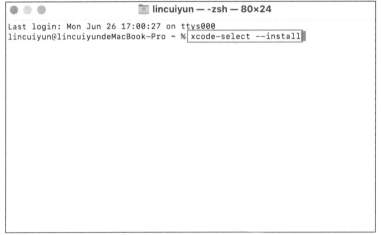

附图 A-6　安装 Xcode 示意图

随后会弹出一个对话窗口，询问"xcode-select 命令需要使用命令行开发者工具，你要现在安装该工具吗？"单击安装，如附图 A-7 所示。

阅读随后弹出的许可协议，如附图 A-8 所示，单击同意。

然后进入安装过程，全程需要十几分钟，其弹出框如附图 A-9 所示。

待到安装成功之后，计算机终端中会显示"xcode-select: error: command line tools are already installed, use "Software Update" in System Settings to install updates"这样一段话，表明 xcode-select 命令行工具已经被顺利安装了，请使用系统设置中的"软件更新"来安装更新，终端中如附图 A-10 所示。

2. 安装 homebrew

接下来，还需要安装 homebrew，再通过 homebrew 来安装 Python。homebrew 是一款

附图 A-7　安装 Xcode 步骤

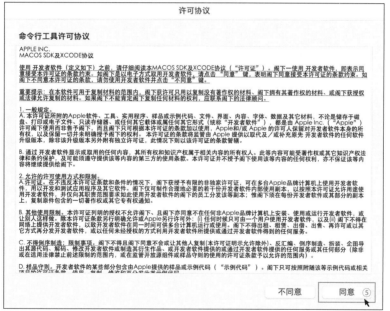

附图 A-8　许可协议示意图

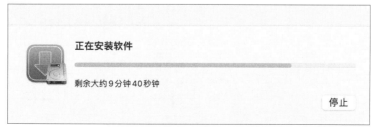

附图 A-9　软件安装过程示意图

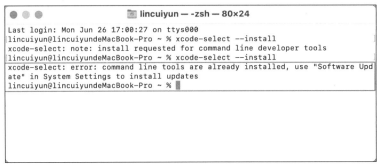

附图 A-10 xcode-select 命令行工具被顺利安装的示意图

macOS 平台下的软件包管理工具，拥有安装、卸载、更新、查看、搜索等诸多实用功能。通过一条简单的指令，就可以实现管理，而不必关心各种依赖和文件路径的情况，十分方便快捷。安装 homebrew 的步骤如下所示。

作者建议采用常规安装脚本来安装 homebrew。在计算机终端中输入命令 /bin/zsh -c " \$ (curl -fsSL https://gitee.com/cunkai/HomebrewCN/raw/master/ Homebrew.sh)"，其后按照终端中每一步的指示来完成安装，如附图 A-11 所示。此外，本书采用了中科大下载源，其序号为 1。

附图 A-11 安装 homebrew 示意图

当显示 homebrew 自动安装程序运行完成、国内地址已经配置完成时，即表示 homebrew 已经安装完成。接下来，按照终端中的指引输入命令：source /Users/lincuiyun/.zprofile，以激活国内地址（不同的磁盘命名下，其输入的命令可能有细微差别，依据终端中的指引输入即可），如附图 A-12 所示。

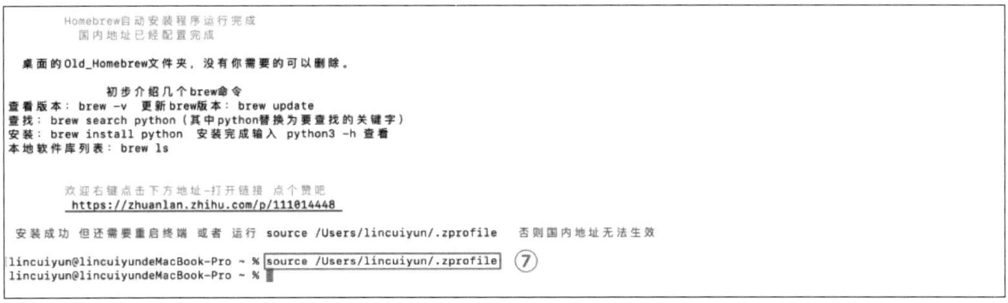

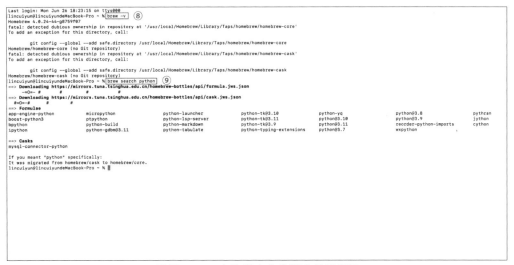

附图 A-12　homebrew 安装完成示意图

安装完成后，输入 brew -v 来查看所安装的 homebrew 版本，终端中显示版本为 Homebrew 4.0.24-44-g8759f07。再输入 brew search python 查询 Python 的版本，可以看到各种版本的 Python，如附图 A-13 所示。

附图 A-13　在终端中查询版本的示意图

3. 安装 Python 3.8

在终端中输入 brew install python@3.8 安装命令。然后按键盘上的 Enter 键，开始安装 Python。其安装过程如附图 A-14 所示。在安装约数分钟后，终端中显示了一条报错信息，其内容为："fatal：not in a git directory Error：Command failed with exit 128：git"。

遇到上述问题的解决方法为，在终端中输入 brew -v，之后会提示读者需要执行的两个配置命令，如下所示。

（1）git config --global --add safe.directory /usr /local/ Homebrew/Library/Taps/homebrew/homebrew-core Homebrew/homebrew-core（no Git repository）

　　fatal：detected dubious ownership in repository at '/usr/local/Homebrew/Library/

附图 A-14　在终端中安装 Python 3.8 的示意图

Taps/homebrew/homebrew- cask'

To add an exception for this directory，call：

（2）git config --global --add safe.directory/usr/local/Homebrew/Library/Taps/homebrew/homebrew-cask Homebrew/homebrew-cask（no Git repository）。

直接复制上述配置命令，再继续执行安装命令 brew install python@3.8 就可以继续安装 Python 3.8 了，其安装过程如附图 A-15 所示。安装完成后终端中会显示 Python has been installed as/user/local/bin/python3.8 的字样，表示 Python 3.8 安装已完成。

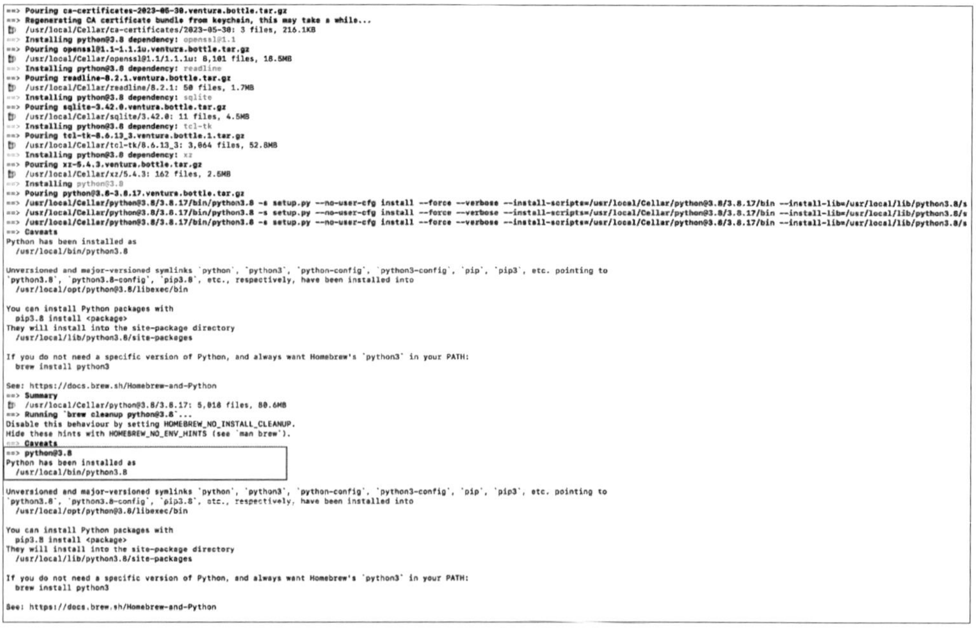

附图 A-15　安装完成示意图

在终端中执行 python 命令，但并未显示所安装的 Python 版本，而是显示"zsh：command not found：python"，如附图 A-16 所示。

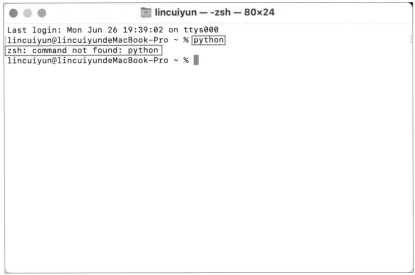

附图 A-16　终端的版本显示示意图

为此，请在终端中输入 open ～/.bash_profile，并编辑 bash_profile 文件。第一次配置需要创建配置文件，输入命令 touch .bash_profile 来创建文件，再打开文件输入 open .bash_profile 或者 open ～/.bash_profile 即可。执行命令 open ～/.bash_profile，如附图 A-17 所示。

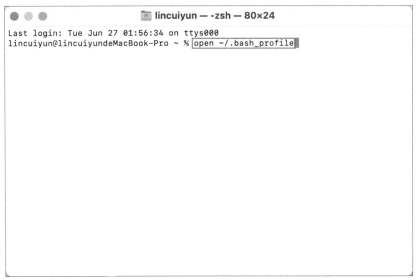

附图 A-17　终端中执行命令 open ～/.bash_profile 的示意图

查看 Python 3.8 的安装目录，如附图 A-18 所示。

再执行命令 open ～/.bash_profile，打开文件.bash_profile 并写入下列命令：

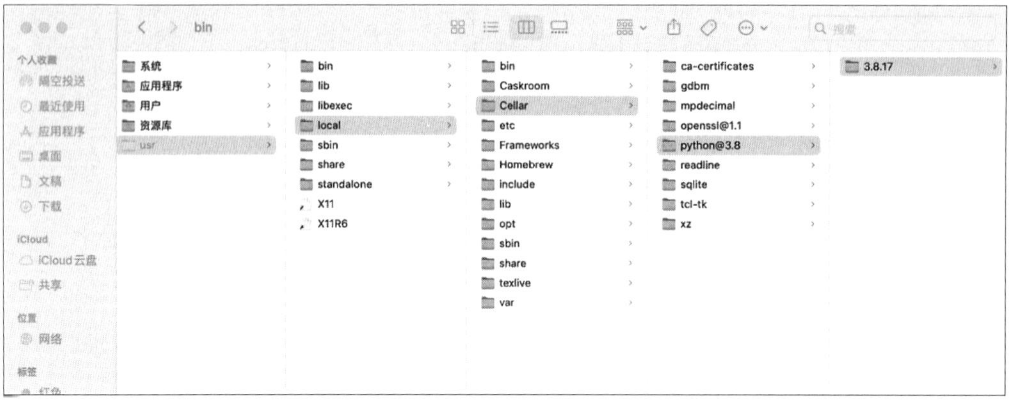

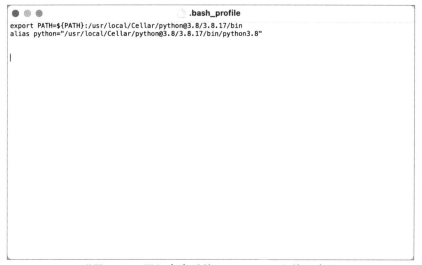

附图 A-18　Python 3.8 安装目录示意图

```
export PATH=${PATH}:/usr/local/Cellar/python@3.8/3.8.17/bin
alias python="/usr/local/Cellar/python@3.8/3.8.17/bin/python3.8"
```

直接关闭.bash_profile 文件，iMac 将会保存写入的信息，如附图 A-19 所示。

附图 A-19　写入命令后的.bash_profile 文件示意图

为了使环境变量生效，还需要在终端中输入命令 source ~/.bash_profile，如附图 A-20 所示。

在终端中再输入 python -V 命令，即可看到版本号，这里安装的是 Python 3.8.17，如附图 A-21 所示。继续输入 python，就会启动 python3，退出或者重启都不会有改变。

4．配置失效的解决办法

macOS 部分系统在关闭终端后，会让以上配置失效，需要新建 zshrc 文件。如果已经有 zshrc 文件，请输入 open ~/.zshrc 或者 vim ~/.zshrc 命令直接编辑，文件如果是只读格式，需要获取 root 权限再尝试编辑。如果仍无法保存编辑内容，则输入 sudo rm -r -f ~/.zshrc 命令删掉此文件，再输入 vim ~/.zshrc 就可以新建成功。编辑 zshrc 文件，打开终端，输入 vim ~/.zshrc，单击 e 进入编辑模式，单击 i 进行编辑。在文件内输入 source ~/.bash_profile，

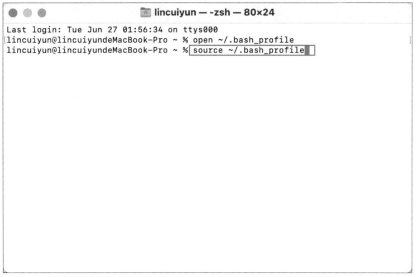

附图 A-20　在终端中输入命令 source ～/.bash_profile 的示意图

附图 A-21　在终端中输入查看 Python 版本的示意图

然后按 Esc 键，输入 wq! 以保存并退出。这样一来，Mac 上的 Python 就基本安装并配置好了。

A.2.2　Windows 上安装 Python

在 Python 官网中找到最新版本的 Python 安装包，点击进行下载。如果读者的计算机是 32 位系统，请选择 32 位的安装包；如果是 64 位，请选择 64 位的安装包。想要查看自己计算机的系统类型，可按计算机的 Windows＋R 组合键，在弹出窗口中输入 cmd，按 Enter 键，以打开计算机的终端，再输入命令 systeminfo 来查看系统类型。本书所使用的 Windows 系统为 64 位（x64-based PC），如附图 A-22 所示。

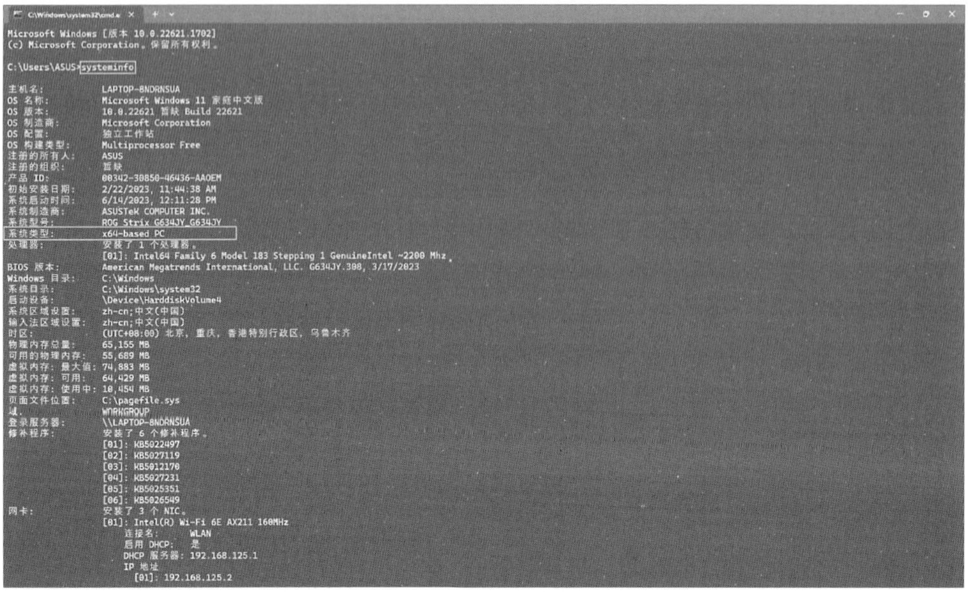

附图 A-22　在终端中查看系统类型

附图 A-23 所示为 Python 最新版，这里单击鼠标左键点选该版本进行下载。

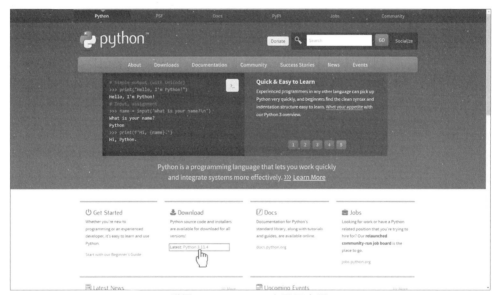

附图 A-23　Python 官网示意图

跳转到 Python 的下载界面，如附图 A-24 所示。

（1）Gzipped source tarball 是供 Linux 系统下载的版本；

（2）XZ compressed source tarball 是供 CentOS 系统（Community Enterprise Operating System，社区企业操作系统）下载的版本，而 Linux 与 CentOS 自带 Python，因此通常不用再下载 Python；

（3）macOS 64-bituniversal2 installer 是 Mac 电脑 64 位操作系统程序安装版本，下载文件是一个 exe 可执行程序，双击进行安装；

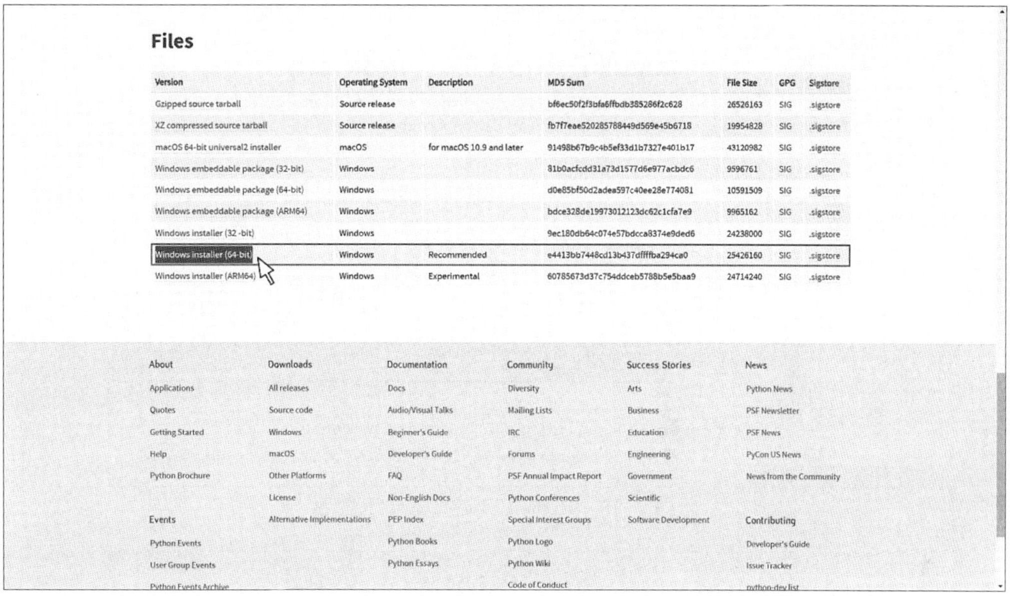

附图 A-24　Python 官网不同安装版本示意图

（4）Windows embeddable package（32-bit）是 Windows 32 位操作系统解压安装版，下载文件是一个压缩文件，解压后即表示安装完成；

（5）Windows embeddable package（64-bit）是 Windows 64 位操作系统解压安装版，下载文件是一个压缩文件，解压后即表示安装完成；

（6）Windows installer（32-bit）是 Windows 32 位操作系统程序安装版，下载文件是一个 exe 可执行程序，双击进行安装；

（7）Windows installer（64-bit）是 Windows 64 位操作系统程序安装版，下载文件是一个 exe 可执行程序，双击进行安装。

鉴于作者的 Windows 操作系统是 64 位，这里选择 Windows installer（64-bit）。

如附图 A-25 所示，其中，Install Now 代表默认路径安装；默认勾选 Use admin privileges when installing py.exe；Add python.exe to PATH，即添加 python 到 Windows 的系统路径，以方便操作系统自动识别，建议勾选该项。单击 Customize installation 自定义安装 Python 3.11.4（64-bit）。

接下来，请选择要安装的 Python 组件，如附图 A-26 所示，再单击 Next 选项。

进入 Advanced Options（高级选项）界面，进行设置，保持默认勾选即可。再选择好读者常用的安装目录，但建议不要选择 C 盘（系统盘），这里选择了 D：\Development\Python311，再单击 Install 选项开始安装，如附图 A-27 所示。

Setup Progress 安装过程如附图 A-28 所示。

如果弹出如附图 A-29 所示的对话框，单击 Disable path length limit 按钮，然后单击 Close 关闭。

打开终端，输入 python -V 来查看新安装的 Python 版本，如附图 A-30 所示即表示安装成功。尝试在 >>> 命令提示符后输入 print("Hello World!! ")，运行成功即表示 Python 成功安装。

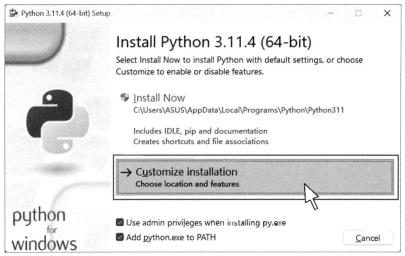

附图 A-25　Python 自定义安装示意图

附图 A-26　选择要安装的 Python 组件

附图 A-27　Python 安装示意图

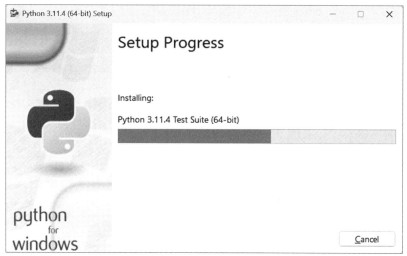

附图 A-28　Python 的安装进度示意图

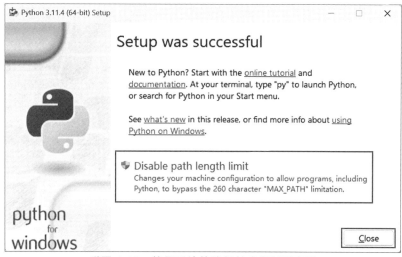

附图 A-29　禁用系统的路径长度限制示意图

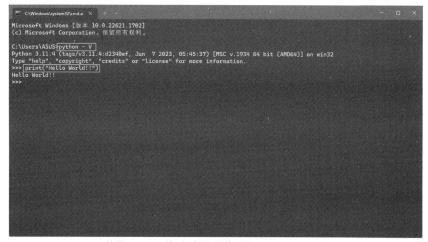

附图 A-30　终端试运行代码"Hello World！！"

A.3　PyCharm 安装步骤

A.3.1　Windows 上安装 PyCharm

打开 PyCharm 官网下载专业版（社区版是免费的，但功能有限），如附图 A-31 和附图 A-32 所示。

附图 A-31　PyCharm 官网示意图

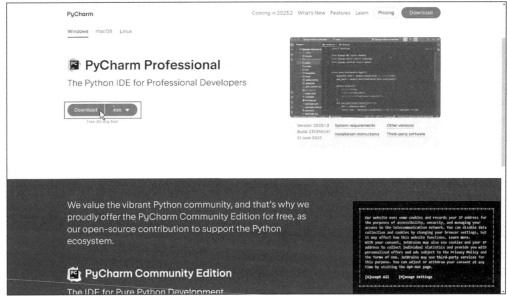

附图 A-32　PyCharm 官网下载页示意图

打开安装包，进入到 PyCharm 的安装界面，再单击 Next，如附图 A-33 所示。

附图 A-33　PyCharm 安装界面示意图

这里选择 D:\JetBrains\PyCharm 2023.1.3 作为待安装文件的文件夹目录，当然，读者在安装时也可以自定义安装目录，然后单击 Next 继续，如附图 A-34 所示。

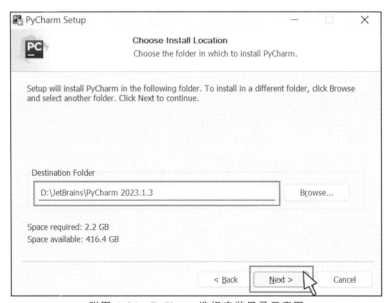

附图 A-34　PyCharm 选择安装目录示意图

安装选项如附图 A-35 所示，各项的功能如下所示。

（1）Create Desktop Shortcut，即创建桌面快捷方式；

（2）Update Context Menu，即更新内容菜单，其中，Add Open Folder as Project 的功能为添加打开文件夹作为项目（添加鼠标右键菜单，使用打开项目的方式打开此文件夹，可以不选择）；

（3）Create Associations，即创建关联，用于关联 .py 文件，将 py 结尾的程序文件默认以

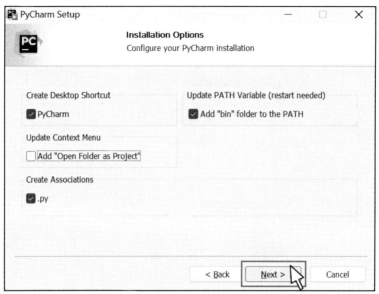

附图 A-35　PyCharm 设置安装选项的示意图

PyCharm 打开，读者可依据自身的需求选择，这里勾选；

（4）Update PATH Variable（restart needed），即更新路径变量（需重启计算机），其中，Add"bin"folder to the PATH，即添加 PyCharm 的 bin 目录到环境变量 PATH 中，将 PyCharm 的启动目录添加到环境变量（需重启），可不勾选。

完成设置后单击 Next 进入下一步，在随后弹出窗中单击 Install 进行安装，如附图 A-36 所示。

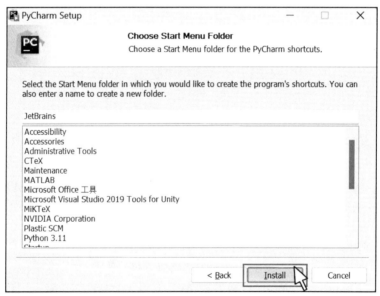

附图 A-36　PyCharm 的安装示意图

选择"I want to manually reboot later"将在稍后重启计算机，单击 Finish 完成安装，如附图 A-37 所示。

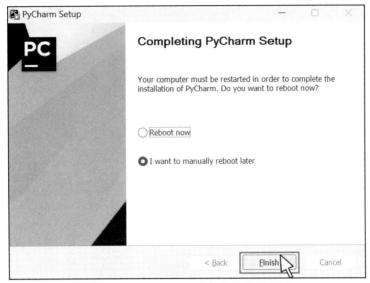

附图 A-37　PyCharm 安装完毕的示意图

在桌面找到对应的安装软件 PyCharm 的桌面快捷方式，鼠标左键双击打开桌面上的 PyCharm 快捷方式，如附图 A-38 所示。

附图 A-38　PyCharm 的桌面快捷方式

简要阅读 Agreement 用户协议，选择同意并接受，再单击 Continue 按钮继续，如附图 A-39 所示。

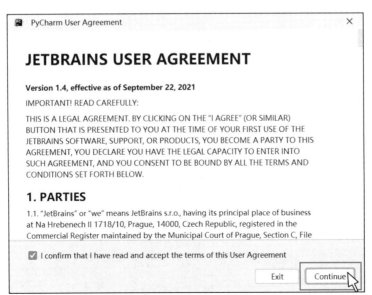

附图 A-39　PyCharm 用户协议的示意图

启动已安装的 PyCharm 软件,在弹出的 PyCharm 欢迎界面中单击 New Project,创建一个新项目,PyCharm 欢迎界面如附图 A-40 所示。

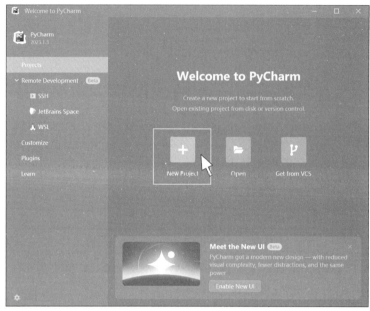

附图 A-40　PyCharm 欢迎界面的示意图

在弹出的 New Project 中,选择左侧列表中的"Pure Python",然后可以根据自己的需要在"Location"编辑框中指定项目的存储位置。设置完毕后,单击 Create 按钮确认项目创建,如附图 A-41 所示。当 Pure Python 项目创建完毕后,如果是首次安装 PyCharm 软件,那么它会弹出"每日一贴"窗口,来介绍 PyCharm 的一些快捷键与操作方式。如果不需要的话,可以勾选"Show tips on start up",然后单击 Close 按钮将其关闭,如附图 A-41 所示。

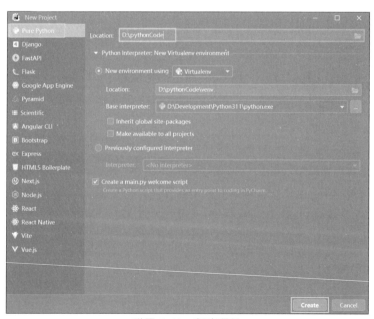

附图 A-41　新建项目

建议读者在学习时,将本书的所有的 Python 示例与练习都手动输入一遍或多遍。学习 Python 或其他计算机程序语言并没有捷径,唯有多读、多练、多用。设立一个目标,并基于一个完整的项目来学习 Python。

A.3.2　macOS 上安装 PyCharm

首先,打开 PyCharm:the Python IDE for Professional Developers,单击 Download。然后,选择 Community 社区版,再单击 Download,弹出窗口后选择允许下载。最后,下载完成后将 PyCharm CE 文件拖入 Application 中,如附图 A-42 所示。

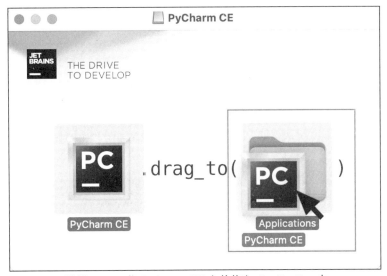

附图 A-42　将 PyCharm CE 文件拖入 Application 中

在启动台找到 PyCharm CE,并双击 PyCharm CE 打开它,如附图 A-43 所示。

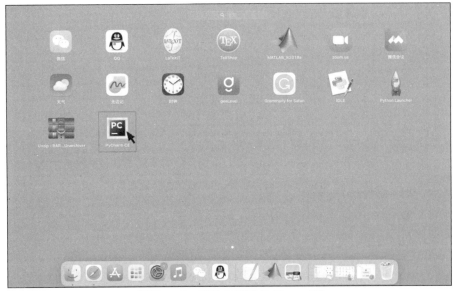

附图 A-43　启动台找到 PyCharm CE

打开后,在弹出窗口中选择打开,如附图 A-44 所示。

附图 A-44　安装过程弹窗的示意图

接下来阅读 Agreement,勾选"I confirm that I have read and accept the terms of this User Agreement"表示同意,然后单击 Continue 以继续下一步,如附图 A-45 所示。

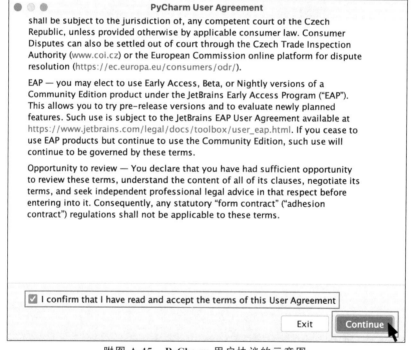

附图 A-45　PyCharm 用户协议的示意图

这样就安装完成,可以创建你的第一个项目了。与 Windows 系统中类似,这里使用命令"cd ＋文件目录",来进入 Python 文件所在的文件夹,再使用 touch 命令在文件夹 pythonCode 中创建一个 Python 文件,下面创建了一个名为 helloPythonHello.py 的 Python 文件,其完整命令为 touch helloPythonHello.py,如附图 A-46 所示。

同样,也可以在 PyCharm IDE 中执行程序,如附图 A-47 所示。

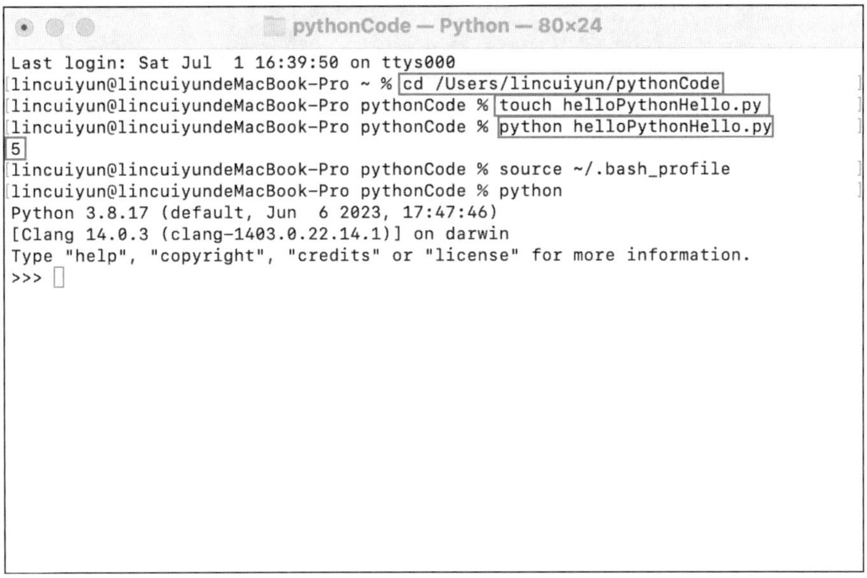

附图 A-46　在终端中执行 Python 程序的示意图

附图 A-47　在 PyCharm IDE 中执行 Python 程序的示意图

A.3.3　Linux 上安装 PyCharm

Linux 系统自带 Python，因此可在终端中执行 python3 来唤醒本机 Python 以查看其版本，这里安装的是 Python 3.10.6，如附图 A-48 所示。

鉴于上述原因，本书将不再详细介绍 Python 在 Linux 系统上的安装方法，本节主要介绍如何在 Linux 系统上安装 PyCharm IDE。

附图 A-48　在 Linux 系统终端中唤醒 Python

首先，进入 PyCharm 官网下载对应 Linux 发行版本的 PyCharm，如附图 A-49 所示。

附图 A-49　Linux 发行版本的 PyCharm

下载完成后，打开终端，通过命令 cd ~/Downloads 进入到下载文件所在的 Downloads 文件夹，再通过命令 ls pycharm* 找到刚刚下载的文件，然后执行命令：tar -xvzf pycharm-professional-2023.1.3.tar.gz -C ~ 来解压该文件，如附图 A-50 所示。

解压后，进入 pycharm-2023.1.3 文件夹中的子文件夹 bin 内，其中有 pycharm.sh 文件，如附图 A-51 所示。

附图 A-50　执行命令解压文件

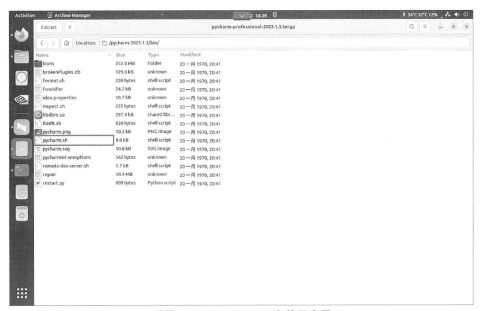

附图 A-51　pycharm.sh 文件示意图

　　在终端中，执行命令 cd~ 进入 Home 目录，再执行命令 dir 显示 Home 目录下的所有文件夹名称，然后执行 cd Downloads，进入 Downloads 文件夹，再进入文件夹 pycharm-2023.1.3 中的 bin 子文件夹中。最后，在终端中输入指令．pycharm.sh，如附图 A-52 所示。

　　注意：在 PyCharm 安装目录的 bin 目录下运行脚本 pycharm.sh。

　　与在 Windows 和 macOS 系统中安装 PyCharm 时一样，在 Linux 系统中安装 PyCharm 后，也需要手动设置 Python 解析器。Linux 自带 Python，因此选择默认的 Python 版本即可，其一般位于/usr/bin/ 目录下（在终端输入 whereis python 指令可查找其路径）。后续其余设置与在 Windows 和 macOS 系统中一致，在此不再一一列举。

附图 A-52 终端中执行相关命令